U0363460

HENENGKAIFA

# 我国核能开发的风险规制研究

## ——以核安全为视角

WOGUO HENENG KAIFA DE

FENGXIAN GUIZHI YANJIU

YI HE ANQUAN WEI SHIJIAO

卫乐乐◎著

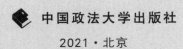
中国政法大学出版社

2021·北京

声　　明　　1. 版权所有，侵权必究。

2. 如有缺页、倒装问题，由出版社负责退换。

## 图书在版编目（ＣＩＰ）数据

我国核能开发的风险规制研究/卫乐乐著. —北京:中国政法大学出版社,2021.7
ISBN 978-7-5764-0082-3

Ⅰ.①我… Ⅱ.①卫… Ⅲ.①核能－能源开发－风险管理－研究－中国 Ⅳ.①TL99

中国版本图书馆CIP数据核字(2021)第178418号

--------------------------------------------------------------------------------

出 版 者　　中国政法大学出版社

地　　址　　北京市海淀区西土城路 25 号

邮寄地址　　北京 100088 信箱 8034 分箱　邮编 100088

网　　址　　http://www.cuplpress.com (网络实名：中国政法大学出版社)

电　　话　　010-58908586(编辑部) 58908334(邮购部)

编辑邮箱　　zhengfadch@126.com

承　　印　　保定市中画美凯印刷有限公司

开　　本　　720mm×960mm　　1/16

印　　张　　13

字　　数　　220 千字

版　　次　　2021 年 7 月第 1 版

印　　次　　2021 年 7 月第 1 次印刷

定　　价　　59.00 元

# 前　言

　　当前，我国扩大核能开发规模，越来越多的核电项目开工建设并投入商业运行。核能开发在给我们带来巨大的经济、社会利益的同时，也因核辐射等因素的存在而将我们置于一个充满核能开发风险的境地。为了推动核能发展以及核安全目标的实现，我们需要对核能开发进行规制。我国过去几十年对核能开发进行规制的历程经历了从技术规制为主的阶段向以技术规制和社会规制并重的规制阶段的转变。虽然我国针对核能开发的规制在很大程度上能够满足我国的现实需要，但是面对越来越明显的核能开发风险，传统的技术规制未能突出对安全目标的追求，社会规制也未能突出对风险的应对。

　　面对这种情境，为了降低核能开发风险转化为现实危害的概率以及可能造成的损害，我们需要对核能开发进行风险规制。这是因为，针对核能开发的风险规制是弥补传统规制手段不足的重要方式、应对核能开发特殊风险的重要措施以及科学应对公众"核恐惧"的重要途径。与此同时，核能开发的风险规制有助于实现正义价值以及民主价值。在确立核能开发风险规制的过程中，我国现实中已存在尝试针对核能开发进行风险规制的法律规定，同时我国已经开展了食品安全领域的风险规制以及转基因生物安全领域的风险规制。它们在法律规定以及现实操作层面可以为核能开发的风险规制提供重要的参考和启示。此外，外国核能开发风险规制的经验也可以为我国核能开发风险规制提供有益的参考和借鉴。

　　立足于此，本书认为完善我国核能开发的风险规制路径主要包括：确立核能开发风险规制的理念，分别为法治化理念、程序化理念和安全理念；完善核能开发风险规制的原则，分别为预防原则、及时性原则和公众参与原则；完善和确立核能开发风险规制的法律制度，分别为信息公开制度和风险预警制度、环境影响评价制度。此外，还应当建立核能开发的风险规制机制，在这个部分，我们需要确定参与核能开发风险规制的各个主体的权利（权力）义务以及风险规制活动实施的程序。只有如此，方可建立起能够有效应对我国核能开发风险治理需要及满足核安全要求的核能开发风险规制体系。

## 目　录
### CONTENTS

# 引 言

## 一、研究背景和意义

### （一）研究背景

在进入 21 世纪之后，我国经济、社会发展加速；环境污染、生态恶化的情形也在逐渐严重。人类面临着严重的环境污染问题，特别是气候变化问题带来的巨大挑战。针对于此，人类开始尝试改变自身的行为。在经济社会发展过程中，为了减少温室气体的排放、确保能源安全等目标的实现，我们开始调整能源结构。立足于核能的碳排放较少、能源供应量巨大、资源本身消耗量小等优势，我国将核能纳入了国家能源供应体系。然而，基于安全的现实考虑，特别是自 2011 年日本福岛核泄漏事故发生后至今放射性污染所造成的严重影响依然存在且未能得到有效清除以及日本政府允许东京电力公司将原储存在福岛核电厂内的含放射性废水排放至周边海洋中以加大放射性废物的扩散的现实情况，人类开始尝试以新的视角重视核安全、强调对核安全的保障，而不再仅仅是依靠核能安全技术来实现核安全的目标。在我国的社会发展过程中，伴随着核能的开发与发展，我国面对的风险因素逐渐增多，且呈现出叠加的态势。为应对当前出现的各种风险问题，我们需要采取有针对性的措施。结合当前我国核能开发的发展形势来看，我国核能的发展，特别是核能开发的规制，经历了从技术规制的规制阶段向以技术规制与社会规制并重阶段的发展。考察核能开发规制的第二个阶段——技术规制与社会规制并重的阶段，在这个过程中，我国在强调发展与应用核安全技术的同时，也强调采取其他方式来实现核安全目标。面对潜在的核能开发风险，我们需要努力去分析、发现核能开发风险存在与发生的条件、方式，从而有针对性地采取应对措施。

2011 年发生在日本的福岛核泄漏事故，在给当地居民的人身生命健康财产造成巨大损害的同时也严重地污染了当地的生态环境；截至目前尚未完全解决的核污染问题再次宣告了人类针对核安全所采取的措施距离核安全目标仍然存在着一定的差距，也暗示我们在追求核安全目标的过程中仅仅依靠技术规制手段无法完全满足现实的需要。作为一种典型的、重要的且受到社会高度关注的风险性因素，核风险伴随着核能的开发利用过程存在与发生，目前尚无有效手段完全消除核风险可能产生的严重损害，因此并不能实现百分百的核安全目标。我国开始步入风险社会，针对风险进行规制对于应对与解决风险问题具有重要的意义。因此，如何科学有效地应对核能开发风险问题，系统化地构建风险规制制度、机制是保障核能开发安全的重要内容。从法律角度考察风险规制，相应内容主要包括了风险识别、风险评估、风险沟通与风险决策等内容。系统化地研究风险规制，特别是核能开发的风险规制法律制度对于实现核安全具有重要的意义。

（二）研究意义

1. 理论意义

（1）尝试着在一定程度上拓展核能开发的法律规制研究领域。当前，我们针对核能开发法律层面的研究主要从核安全监督管理主体、核能开发利用主体的权利义务、国际合作、技术完善等多个角度展开。从核能开发风险规制层面展开关于核安全实现方式的讨论，可以在一定程度上拓展核能开发法律规制的研究领域。

（2）尝试着在一定程度上丰富风险规制研究的内容。基于核能开发风险自身具有的特点——"高损害率、低发生率"，以及独特的发生条件、方式等，我们需要采取有针对性的风险规制措施。核能开发风险规制与一般意义上的风险规制有着不同的内容。因此，研究核能开发的风险规制在一定程度上可以丰富风险规制的内容。

2. 实践意义

（1）尝试为核安全目标的实现方式寻找新的切入点。当前，我国在核安全目标实现的过程中，一方面强化核安全技术的发展与应用，另一方面也在强化核安全法律的建设与完善。从法律层面对核能开发风险规制进行探讨，可以为实现核安全目标提供一种新的实现方式。从法律层面就核能开发风险规制制度进行设计，可以为核能开发法律建设寻找新的切入点。

（2）尝试将风险规制应用于核能开发领域，在一定程度上丰富风险规制的实践内容。风险规制对于应对当前我国社会发展过程中层出不穷的风险问题具有重要的意义。核能开发领域的风险在内容、发生条件、发生方式等方面与食品安全领域、转基因生物安全领域的风险发生条件、方式等存在着不同。比较分析借鉴食品安全、转基因生物安全领域内的风险规制措施，可为风险规制提供一定的参考。将一般意义上的风险规制落实到核能开发风险规制的具体活动中，可以丰富风险规制的实践经验。

## 二、国内外研究现状

（一）国内研究现状

安全的对立面是非安全，亦即风险。核安全的对立面即是核风险。采取措施去降低核风险，也即实现核安全的重要措施之一。因此，分析与明确当前国内核能开发、核安全、风险规制理论的研究现状，可以为核能开发利用的风险规制提供一定的参考。

1. 核能开发利用方面的研究

（1）核安全方面的研究现状。

岳树梅在《中国民用核能安全法法律保障制度的困境与重构》中认为应坚持预防原则，防止与减少核事故发生，从而保证民用核能利用中的人类健康与生态环境安全。[1]

刘画洁在《我国核安全立法研究——以核电厂监管为中心》中认为，核能开发利用过程中，在应对环境风险方面，需要采取环境风险科学性评价及科学的管理措施。在这个过程中，应当坚持管理制度的体系化、管理机构的专门化、管理职责的明确化、管理阶段的全程化等原则，并结合现代风险社会特征扩充我国核安全立法的内容。[2]

方芗在《中国核电风险的社会建构——21 世纪以来公众对核电事务的

---

[1]　岳树梅：“中国民用核能安全保障法律制度的困境与重构”，载《现代法学》2012 年第 6 期，第 124 页。

[2]　刘画洁：“我国核安全立法研究——以核电厂监管为中心”，复旦大学 2013 年博士学位论文，第 52 页。

参与》中讨论了"风险"一词在解释中国现存的社会问题时的适用性和局限性,并针对公众风险认知及公众参与等问题进行实证调查研究,结合具体案例分析我国当前发展核电的契机和困局,并对政策的制定提出合理化建议。[1]

张红卫在《核能安全利用的法律制度分析》中认为,我国核能立法内容的不足表现为公众参与度较低、立法缺口较大,应当在法律中明确核能的战略地位,完善我国的核安全法律制度。同时主张在立法过程中提高公众的参与程度和透明度,使公众能够充分认识到核能发展的安全性和必要性。[2]

宋爱军在《我国核能安全立法研究》中认为,当前我国核能安全立法存在着体系结构不完善等多方面的缺陷。他从立法原则、立法结构以及修改《放射性污染防治法》[3]和相关立法内容等多个角度提出了完善我国核能安全立法的具体建议。[4]

孙中海在《中国核安全监管体制研究》中认为,实现核安全目标,应该结合我国核能开发的具体国情,建立起更具独立性、权威性、专业性的核安全监管机构——把国家核安全局从生态环境部中分离出来,并成立新的核安全监管机构,同时加快原子能立法,在监管过程中加强核安全文化建设。[5]

李文达在《核安全问题的管理及其对中国的启示》中认为,我们有必要采取措施维护核领域国际法的健全,并确保相关国际机制的不断增强,以和平、发展、合作的方式对当前国际核安全问题进行管理。[6]

马忠法、彭亚媛在《中国核能利用立法问题及其完善》中主张,根据

---

〔1〕 方芗:《中国核电风险的社会建构——21世纪以来公众对核电事务的参与》,社会科学文献出版社2014年版,第150页。

〔2〕 张红卫:"核能安全利用的法律制度分析",中国海洋大学2006年硕士学位论文,第46~50页。

〔3〕 《放射性污染防治法》,即《中华人民共和国放射性污染防治法》,为表述方便,本书中涉及的我国法律直接使用简称,省去"中华人民共和国"字样,全书统一,不再赘述。

〔4〕 宋爱军:"我国核能安全立法研究",湖南师范大学2009年硕士学位论文,第60~66页。

〔5〕 孙中海:"中国核安全监管体制研究",山东大学2013年硕士学位论文,第25页。

〔6〕 李文达:"核安全问题的管理及其对中国的启示",兰州大学2014年硕士学位论文,第27~29页。

我国核能发展的实际需求，有序地推进核能立法进程：构建完善的核能法律体系框架，制定核能领域的基本法，明确核能主管部门及其职责；制定核能利用单行法，完善现有的行政法规、规章和地方性法规，以实现建成核能利用法律体系的战略目标。[1]

杨骞、刘华军在《中国核电安全规制的研究——理论动因、经验借鉴与改革建议》中针对核电应用的低常规性风险、高灾难性风险的特点，从核电安全的外部性和信息不对称两个方面阐述了完善核电安全规制的理论动因和依据，并提出了相应的完善建议。[2]

夏心欣在《中日核能发展的风险分析——困境、对策与趋势研究》中认为，政府（国家）、企业（市场）和公众构成了预防、分散和减少核风险的基本治理框架，核风险的治理要求政府完善核监管制度、企业合理配置资源、公众运用信任机制防范风险规模扩大等；加强政府、企业以及非政府组织和公众之间的合作，引进先进的核能开发技术和配套的管理经验，对促进核能安全的发展具有重要的作用。[3]

徐砥中在《中国核电发展的风险管控分析》中从核电发展背景、核电技术科学知识的普及、社会民众对核电发展的心理状态、核电运营安全管理五个方面入手分析了当前我国核电发展过程中的风险要素，并在分析的基础上指出了我国核电发展过程中潜在的风险问题，并为相应的问题应对提供了指引性的思考。[4]

汪劲、耿保江在《论核法上安全与发展价值的衡平路径——以核管理机构的衡平责任为视角》中认为，衡平安全与发展价值在核规则制定和项目决策中的关系，对规制核能风险、促进核能事业发展至关重要。因此，核管理机构应当在规则制定和项目决策中树立风险预防理念，进而实现

---

〔1〕 马忠法、彭亚媛："中国核能利用立法问题及其完善"，载《复旦学报（社会科学版）》2016 年第 1 期，第 156 页。

〔2〕 杨骞、刘华军："中国核电安全规制的研究——理论动因、经验借鉴与改革建议"，载《太平洋学报》2011 年第 12 期，第 77~86 页。

〔3〕 夏心欣："中日核能发展的风险分析——困境、对策与趋势研究"，上海外国语大学2012 年硕士学位论文，第 71 页。

〔4〕 徐砥中："中国核电发展的风险管控分析"，兰州大学 2016 年硕士学位论文，第 12~58页。

《核安全法》中安全与发展价值衡平的目标。[1]

（2）核应急方面。

廖乃莹在《我国核事故应急法律问题研究》中分析了我国国内核能立法的不足，主张国家应积极参加国际原子能机构的有关活动并加紧制定我国自己的原子能基本法，并配以其他的措施来解决这些问题。[2]

（3）国际核问题。

王思凝在《国际核损害赔偿责任问题研究》中认为，现存的国际核损害赔偿责任的公约虽然比较完备，但内容仍有不足之处。在完善国际核损害赔偿责任实施机制的基础上，建立健全我国国内的核损害赔偿责任法律制度，可以推动受害国及其国民的各项合法权益得到保护，也有利于核事业的健康发展以及核能领域国际合作的强化与深入。[3]

郝晓霞在《国际核污染争端解决中的法律问题研究》中认为，有必要补充缔结国际核污染争端解决程序规则，在规则中明确限定解决程序所涵盖的各个环节的时间安排，并将其作为《核安全公约》附则中的内容；在完善相应的规定时，争取实现完善实体法律规定、优化相关职能机构、建立有效的争端解决程序规则三个方面的发展与协调，以收获争端得到有效解决的效果。[4]

滕海莲在《核安全的国际法制度研究》中以核安全概念为基础，阐述了当前与国际核安全有关的法律制度，认为目前的核安全国际法制度体系存在着不足，提出了完善核安全国际法制度体系的对策，并结合我国实际情况讨论完善我国核安全立法。[5]

高娇娇在《核能安全利用的国际法律制度研究》中认为，可以通过建立健全国际法律体系、增强国际原子能机构的作用、健全国际的合作机制

---

〔1〕 汪劲、耿保江：“论核法上安全与发展价值的衡平路径——以核管理机构的衡平责任为视角”，载《法律科学（西北政法大学学报）》2017年第4期，第38~46页。

〔2〕 廖乃莹：“我国核事故应急法律问题研究”，华北电力大学2012年硕士学位论文，第34~39页。

〔3〕 王思凝：“国际核损害赔偿责任问题研究”，辽宁大学2013年硕士学位论文，第33~36页。

〔4〕 郝晓霞：“国际核污染争端解决中的法律问题研究”，哈尔滨工业大学2012年硕士学位论文，第23~30页。

〔5〕 滕海莲：“核安全的国际法制度研究”，东北大学2013年硕士学位论文，第28~29页。

和实现公约在国内法上的有效引入与参考等方式来完善现有的国际法律制度，从而更好地实现核能的安全利用，并就当前中国核安全利用法律的不足提出了完善建议。[1]

王睿在《核能废弃物处理的国际法研究》中从国际法角度对核能废弃物处理的法律机制的确立和完善提出了建议。他在专门分析中国核能废弃物处理的法律制度基础上，就制定核能开发利用领域的基本法、规定中长期评估制度以及及时修改立法内容和完善赔偿制度等四方面提出了合理化建议。[2]

2. 一般性的风险社会理论研究

我国针对风险社会、风险规制的研究肇始于对 2004 年德国社会学家乌尔里希·贝克的《风险社会》《世界风险社会》《自反性现代化》及吉登斯、桑斯坦等人关于风险社会的系列论著的引入；其中以贝克的相关著作最为有名。当前，风险社会研究已成为主题。我国已经有许多关于风险社会、风险规制的论著、文章。这些著作主要包括：刘刚的《风险规制：德国的理论与实践》、沈岿的《风险规制与行政法新发展》等。国内主要从法律角度对风险社会进行研究的学者主要有：沈岿、金自宁、刘刚、戚建刚、赵鹏、宋华琳等。此外，还有部分学者结合风险规制理论，针对具体的研究对象开展研究。他们的研究多数从行政法等角度展开，从风险预防原则、风险沟通、风险评估、风险决策等角度进行。

（1）风险社会的法理研究。

杨春福在《风险社会的法理解读》中认为，有效应对风险社会现实要求较为合理的媒介与方式是通过法律对风险社会进行控制，在法律应对过程中，主张明确权利义务理念、责任理念、民主理念，在立法过程中坚持风险预防原则等。[3]

季卫东在《依法风险管理论》中认为，在风险社会条件下，在决策过

---

〔1〕 高娇娇：“核能安全利用的国际法律制度研究”，辽宁大学 2012 年硕士学位论文，第 20~21 页。

〔2〕 王睿：“核能废弃物处理的国际法研究”，辽宁大学 2013 年硕士学位论文，第 24~25 页。

〔3〕 杨春福：“风险社会的法理解读”，载《法制与社会发展》2011 年第 6 期，第 111~113 页。

程、依据不透明，群众参与不畅、不充分的场合进行风险决策，带有风险性选择的决定者与被影响者之间很容易产生争议与矛盾。风险的多发性、损害的严重性共同决定了国家与政府负有相应的风险管理职能，而在风险管理过程中，法律是其中的必要工具。在解决风险问题时，法律应当从以下方面入手：建立系统完善的风险规制体系、协调不同主体之间的利益。[1]

李拥军、郑智航在《中国环境法治的理念更新与实践转向——以从工业社会向风险社会转型为视角》中认为，风险社会的特殊性决定了环境风险治理的要求，即需要在有关法律的立法理论与具体的实践方式等内容上实现一种自觉的更新、转换与发展。具体包括：提升环境保护法在环境法律体系中的地位；把预防作为应对风险时的首要调整方式；强调国际合作在环境法治中的作用。[2]

（2）风险预防原则。

当前，在环境法学界有许多关于风险预防原则的研究。主要的学术观点有：

张梓太、王岚在《论风险社会语境下的环境法预防原则》中认为，在应对风险过程中对环境法应有所调整与改进。在应对风险过程中，需要将预防原则贯穿于立法、司法、执法和守法等环节，从治理污染向预防污染转变，从治理风险向预防风险转变；将以预防为主原则调整为预防原则；在内容上增加风险防范原则。[3]

李秋高在《风险法律体系：风险社会的法律应对》中认为，有效地管理风险、预防风险性灾难已经成为人类社会发展的必然选择。构建风险法律制度是实施风险管理制度的现实需要，需要建立全新的预防性法律调控视角；对重大风险实施预防；嵌入概率论风险评估机制；重新审视现有的因果关系等相关法律规定。[4]

---

〔1〕 季卫东："依法风险管理论"，载《山东社会科学》2011 年第 1 期，第 5~11 页。

〔2〕 李拥军、郑智航："中国环境法治的理念更新与实践转向——以从工业社会向风险社会转型为视角"，载《学习与探索》2010 年第 2 期，第 106~109 页。

〔3〕 张梓太、王岚："论风险社会语境下的环境法预防原则"，载《社会科学》2012 年第 6 期，第 103~107 页。

〔4〕 李秋高："风险法律体系：风险社会的法律应对"，载《广州大学学报（社会科学版）》2011 年第 1 期，第 39~43 页。

3. 风险规制方面的研究现状

（1）风险评估制度。

曾娜在《环境风险之评估：专家判断抑或公众参与》中认为，为了合理、有效地规制环境风险，有必要在事前开展风险评估。环境行政主管部门在开展环境风险评估时，应当确立风险评估审议程序，以解决专家与公众在特定问题认知上的隔阂，从而促进共识的达成。[1]

丁峰、胡翠娟、李鱼在《我国环境风险评价存在的问题及对策建议》中认为，我国环境风险评价过程中存在环境风险评价体系及程序不健全、风险评价范畴界定不明确、评价标准缺乏、风险评价方法不完善、公众参与过程中缺乏风险沟通内容等问题。解决这些问题，需要强化部门间的协同合作、建立健全环境风险评价体系，完善环境风险评价标准、强化全过程管理，并引入风险沟通机制。[2]

张成岗在《技术专家在风险社会中的角色及其限度》中认为，在风险建构中，掌握着专业知识与技能的专家扮演着重要角色。要提升人类社会应对风险的能力，便应当进一步提高公众及行政主管部门的风险意识，打破专家对风险识别与界定的垄断，实现风险决策机制的开放，使利益相关者可以真正参与到风险决策活动之中。[3]

李永林在《环境风险的合作规制——行政法视角的分析》中认为，政府在风险规制过程中应当重视专家和公众在应对风险时的不同作用，要建立健全各种机制和制度，以保障专家和公众的不同意见能够得到沟通与交流。他分析了公众参与所具有的优势及公众参与在风险决策、环境影响评价以及环境标准制定过程中的作用，并分别针对这些活动提出了完善公众参与的建议。[4]

宋华琳在《风险规制中的专家咨询》中对相关专家咨询的会议制度、

---

〔1〕　曾娜："环境风险之评估：专家判断抑或公众参与"，载《理论界》2010年第8期，第39~42页。

〔2〕　丁峰、胡翠娟、李鱼："我国环境风险评价存在的问题及对策建议"，载《环境保护》2013年第19期，第52~53页。

〔3〕　张成岗："技术专家在风险社会中的角色及其限度"，载《南京师大学报（社会科学版）》2013年第5期，第21~27页。

〔4〕　李永林：《环境风险的合作规制——行政法视角的分析》，中国政法大学出版社2014年版，第200~280页。

信息公开制度进行了讨论，但是对于如何更好地促进专家作用的发挥并没有提出很好的建议。[1]

（2）风险沟通制度。

风险沟通是个人、群体和机构之间就特定信息和看法进行互动性交换的过程。这一过程涉及多种多样的信息，这些信息中既包括有关风险性质、要素及内容的信息，也包括对特定主体表达关切和相应看法的信息，或者针对风险信息或风险管理的立法和主管机构安排作出反应的各种信息。[2]

金自宁在《风险规制中的信息交流及其制度建构》中讨论了信息交流的主体、客体、内容等，并就专家与公众、媒体在信息交流中的作用、地位等进行分析，认为信息交流的制度建构应当包括以下内容：合理设定风险规制机关的信息、改进风险信息交流工具的应用、准确定位风险信息交流中专家与公众的参与地位与作用、协调考虑各利害关系方的权益保障。[3]

刘鹏在《风险程度与公众认知：食品安全风险沟通机制分类研究》中将风险程度与公众参与相关联，分为四个类型，分别就四个类型中的公众参与所面临的问题进行分析，并提出了相应的建议。[4]

李永林在《环境风险的合作规制——行政法视角的分析》中分析了信息公开所具有的优势，特别是在风险决策、风险交流中的作用，并提出了完善风险决策中的信息公开制度的建议。[5]

贺桂珍、吕永龙在《新建核电站风险信息沟通实证研究》中采用实证研究方法，主张在核风险沟通过程中"应明确风险沟通的目的，采用适当

---

〔1〕 宋华琳："风险规制中的专家咨询"，载沈岿主编：《风险规制与行政法新发展》，法律出版社 2013 年版，第 322~348 页。

〔2〕 National Research Council, *Improving Risk Communication*, Washington. D. C. National Academy Press, 1989, p. 21.

〔3〕 金自宁："风险规制中的信息交流及其制度建构"，载《北京行政学院学报》2012 年第 5 期，第 83~88 页。

〔4〕 刘鹏："风险程度与公众认知：食品安全风险沟通机制分类研究"，载《国家行政学院学报》2013 年第 3 期，第 93~97 页。

〔5〕 李永林：《环境风险的合作规制——行政法视角的分析》，中国政法大学出版社 2014 年版，第 200 页。

的风险沟通方法、促进风险沟通是增加公众信心和可信度的关键，也是风险沟通的首要条件"。[1]

曾睿、徐本鑫在《环境风险交流的法律回应与制度建构》中分析了环境风险交流法治化的意义与作用，以及当前我国环境风险交流存在的不足，并相应地提出了完善环境风险交流的途径与方式。[2]

宋伟、孙壮珍在《科技风险规制的政策优化——多方利益相关者沟通、交流与合作》中在分析了现代科技风险特征的基础上，认为风险规制的决策主体以及利害关系人之间关系存在着不足，主张解决这些问题应当实现多主体之间的沟通协商，最主要的是建立协商模式。[3]

高秦伟在《"科学"民主化与公众参与》中认为，解决风险管理问题，需要实现专家作用及与公众的互动，特别是要推动公众参与，并就公众参与的现状、概念、优势及不足进行了分析。[4]

洪延青在《藏匿于科学之后？——规制、科学和同行评审间关系之初探》中认为，现代行政的任务日益复杂以及相关现实决定了风险规制的常态化，并分析了风险规制在现实中存在的问题与不足，主张应当对行政法进行完善，尤其是注重同行评审的作用与价值。[5]

刘恒在《论风险规制中的知情权》中分析了知情权的缺失，认为我国的风险规制机制没有响应风险时代知情权的发展要求。为了响应风险规制活动中知情权需要的现实主张，应当确立适合我国风险社会的、保障知情权的措施与途径。[6]

方芗在《社会信任重塑与环境生态风险治理研究——以核能发展引发

---

[1] 贺桂珍、吕永龙："新建核电站风险信息沟通实证研究"，载《环境科学》2013 年第 3 期，第 1218~1224 页。

[2] 曾睿、徐本鑫："环境风险交流的法律回应与制度建构"，载《江汉学术》2015 年第 5 期，第 51~59 页。

[3] 宋伟、孙壮珍："科技风险规制的政策优化——多方利益相关者沟通、交流与合作"，载《中国科技论坛》2014 年第 3 期，第 42~47 页。

[4] 高秦伟："'科学'民主化与公众参与"，载沈岿主编：《风险规制与行政法新发展》，法律出版 2013 年版，第 349~374 页。

[5] 洪延青："藏匿于科学之后？——规制、科学和同行评审间关系之初探"，载《中外法学》2012 年第 3 期，第 537~559 页。

[6] 刘恒："论风险规制中的知情权"，载《暨南学报（哲学社会科学版）》2013 年第 5 期，第 2~14 页。

的利益相关群众参与为例》中通过对核能发展过程中的体制内参与和体制外参与中利益相关群众指出的"不信任"对象和"不信任"的信息进行分析，提出了必须关注与重视群众的"不信任"情绪；真实、客观地对科学技术知识进行传播；建立积极有效的多角色参与平台，以作为重塑信任的途径。[1]

张杰在《内陆核电公众接受度调查及其相应对策研究》中以调查问卷的方式收集到了不同地区、不同职业、不同文化、不同性别的公众对内陆核电的了解和接受度的数据，并在对其进行整理分析的基础上认为，虽然当前公众仍然对内陆核电存有核辐射、内陆核电技术不成熟等方面的担忧，但是仍有部分公众支持发展内陆核电站。面对这种情况，政府需要强化相关信息公开及公众参与、加强对公众心理认知的研究、建立健全核安全法律法规体系，强化核安全建设。[2]

邓理峰、周志成、郑馨怡在《风险—收益感知对核电公众接受度的影响机制分析》中聚焦于风险—收益感知模型，采用焦点小组讨论和问卷调查的方法收集、整理和分析相关公众对核电接受度的资料，认为公众对核电的认知程度在提升，然而因核电风险导致公众将注意力集中在安全问题上。同时认为政府、企业或相关机构应该将能源问题转化为公众较为关心的环境问题，有效增强公众对于核能收益的感知，进而提升公众对于核能的接受度。[3]

李巍在《应对环境风险的反身规制研究》中指出，命令控制规制模式和激励规制模式存在规制失灵、治理不力等问题，对此需要采取反身规制制度，并在此基础上从信息披露、程序设计及商谈规范方面入手建构法律制度。[4]

---

〔1〕 方芗："社会信任重塑与环境生态风险治理研究——以核能发展引发的利益相关群众参与为例"，载《兰州大学学报（社会科学版）》2014年第5期，第67~73页。

〔2〕 张杰："内陆核电公众接受度调查及其相应对策研究"，东华理工大学2015年硕士学位论文，第34~42页。

〔3〕 邓理峰、周志成、郑馨怡："风险—收益感知对核电公众接受度的影响机制分析"，载《南华大学学报（社会科学版）》2016年第4期，第5~13页。

〔4〕 李巍："应对环境风险的反身规制研究"，载《中国环境管理》2019年第3期，第114~119页。

（3）风险决策制度。

蔡守秋教授在《针对"有组织的不负责任"，建立健全防治环境风险的法律机制》中认为，我国当前有关环境风险管理立法和执法之所以会出现有效性不足的情形，一个很重要的原因就是没有有效地解决"有组织的不负责任"这一主要矛盾。解决这一矛盾的主要途径是建立环境风险防治法律机制。[1]

姜贵梅等在《国际环境风险管理经验及启示》中介绍了日本、英国、美国等国家的环境风险管理经验，总结了其对我国环境风险管理的启示：明确了我国环境风险管理目标；借鉴国际经验，完善环境风险管理体系，提高环境风险管理效果；加强应急能力建设并提高实际应急效果。[2]

沈岿在《风险规制决策程序的科学与民主》中对风险决策在常态下和应急状态下的决策程序进行了讨论，但是并没有给出实现相关程序的较为体系化的完善建议。[3]

严燕、刘祖云在《风险社会理论范式下中国"环境冲突"问题及其协同治理》中认为，当前我国环境冲突中的社会风险呈现出从可能性向现实性转变的态势。因而必须运用多元主体共同参与公共事务的协同治理模式，构建公众参与机制以及完善法律制度等手段，发挥政府的主导作用和公众的主体作用，提升并保障协同治理的实现与健康运行。[4]

赵鹏在《风险规制的行政法问题——以突发事件预防为中心》中以突发事件应对为切入点，分析了风险规制的必要性以及风险预防原则的内涵、适用界限，强调专家知识、审议民主、信息披露、风险沟通的作用，在此基础上讨论对现有风险规制进行组织重构和程序再造的方案。[5]

---

〔1〕 蔡守秋："针对'有组织的不负责任'，建立健全防治环境风险的法律机制"，载《生态安全与环境风险防范法治建设——2011年全国环境资源法学研讨会（年会）论文集》2011年，第1~6页。

〔2〕 姜贵梅等："国际环境风险管理经验及启示"，载《环境保护》2014年第8期，第61~63页。

〔3〕 沈岿："风险规制决策程序的科学与民主"，载沈岿主编：《风险规制与行政法新发展》，法律出版社2013年版，第289~381页。

〔4〕 严燕、刘祖云："风险社会理论范式下中国'环境冲突'问题及其协同治理"，载《南京师大学报（社会科学版）》2014年第3期，第31~41页。

〔5〕 赵鹏："风险规制的行政法问题——以突发事件预防为中心"，中国政法大学2009年博士学位论文，第110~147页。

张微林在《风险治理过程中的法律规制模式转型》中认为，风险的具体特征要求法律规制模式的转型必须结合国家和社会的力量，进行有效率的风险治理。其认为，在风险规制的模式选择与构建中，需要引入软法的协商参与的治理方式。[1]

胡帮达在《专家制度与价值制度之间——环境风险规制的困境与出路》中分析了专家在应对风险规制中的作用，认为在实现环境风险规制制度设计时，应当注重专家的作用，并就专家在应对风险过程中可能存在的不足进行了讨论，且提出了应对的建议。[2]

董正爱、王璐璐在《迈向回应型环境风险法律规制的变革路径——环境治理多元规范体系的法治重构》中分析了构筑回应型环境法律风险规制模式的必要性及其作用，并论述了构建回应型环境法律风险规制模式的途径与要点。[3]

高卫明、黄东海在《论风险规制的行政法原理及其实现手段》中在分析了现代行政法在应对风险过程中需要扩展的内容、相应的制度建设的内容的基础上，论述了现代行政法发展及政府在应对风险时所应当达到的目标。[4]

王中政、赵爽在《我国核能风险规制的现实困境及完善路径》中认为，传统的"命令—控制"规制模式难以应对核能发展中的风险问题，对此需要通过植入环境善治理念、拓宽核能风险合作规制的参与主体、引入环境契约制度、完善核能风险沟通机制等措施来完善核能风险规制的实施路径。[5]

（二）国外研究现状

1. 核安全方面的研究

王强、陈曦在《核安全规制的失败——日本案例对周边国家的影响》

---

〔1〕 张微林："风险治理过程中的法律规制模式转型"，载《科技与法律》2012年第6期，第15~20页。

〔2〕 胡帮达："专家制度与价值制度之间——环境风险规制的困境与出路"，载《河南科技大学学报（社会科学版）》2014年第1期，第98~102页。

〔3〕 董正爱、王璐璐："迈向回应型环境风险法律规制的变革路径——环境治理多元规范体系的法治重构"，载《社会科学研究》2015年第4期，第95~101页。

〔4〕 高卫明、黄东海："论风险规制的行政法原理及其实现手段"，载《南昌大学学报（人文社会科学版）》2013年第3期，第90~95页。

〔5〕 王中政、赵爽："我国核能风险规制的现实困境及完善路径"，载《江西理工大学学报》2019年第6期，第37~43页。

中认为，日本福岛核泄漏事故给其他国家核安全的发展带来了严重的挑战，核安全监管体制的失败是导致核事故出现的重要原因，因此应当对核安全监管体制进行完善。[1]

米歇尔·贝尔莱米（Michel Berthélemy）和弗朗索瓦·莱维克（Francoisis Lévêque）在《完善欧盟核安全规制：何者优先》中，在考察欧盟核能利用现状的基础上，分析了核安全标准以及核安全法律责任体系的优势，认为其各自具有重要意义，对推动核能发展均有着不同的价值。[2]

斯里尼瓦桑（T. N. Srinivasan）和戈皮·瑞萨纳瑞（T. S. Gopi Rethinaraj）在《福岛事件之后——核电站风险的再评估》中认为，虽然日本福岛核泄漏事故的发生是由地震与海啸引起的，但主要原因还是人类不恰当的操作。并指出为了促进核安全，应当强化核安全培训以及核安全规制措施的透明与完善。[3]

巴勃罗·M. 菲格罗亚（Pablo M. Figueroa）在《围绕福岛事件发生的风险沟通：方法论研究》中认为，日本福岛核泄漏事故发生后，政府在放射性防治过程中的错误引导行为导致公众对其产生了信任危机。并指出为了更好地应对这种问题，政府有责任加强风险沟通，同时也要注意在政策制定者、利益群体以及当地群众代表之间就相应的风险项目进行沟通。[4]

2. 风险社会理论方面的研究

风险社会理论起源于国外，目前国外关于风险社会理论的研究已经取得了大量的重要研究成果。这些学术成果大部分从社会学、法理学等多个角度出发进行探讨，并形成了相应的研究成果。风险社会理论研究，在国外主要有三个流派：一是以贝克、吉登斯为代表的制度派学者，他们在研究过程中，主要是从制度理论层面探讨风险社会，就风险社会的管理制度等提出自己的学术主张；二是以道格拉斯、拉什为代表的文化派学者，他

---

〔1〕 Qiang Wang, Xi Chen, "Regulatory Failures for Nuclear Safety-the Bad Example of Japan-Implication for the Rest of World", *Renewable and Sustainable Energy Review*, 2012（16）.

〔2〕 Michel Berthélemy, Francoisis Lévêque, "Harmonizing Nuclear Safety Regulation in the EU：Which Priority?", *Intereconomics*, 2011（3）.

〔3〕 T. N. Srinivasan, T. S. Gopi Rethinaraj, "Fukushima and there after：Reassessment of risks of Nuclear Power", *Energy Policy*, 2013（52）.

〔4〕 Pablo M. Figueroa, "Risk Communication Surrounding the Fukushima Nuclear Disaster：an Anthropological Approach", *Asia Euro J*（2013）11.

们在研究过程中，主要是从文化学的角度对风险社会展开研究，他们认为现代风险社会中的风险并不是由人类创造出来的，而是客观上一直存在的，只是在当前条件下依靠科学技术力量被识别出来了；三是以卢曼为代表的系统论学者，从系统论的角度出发研究与探讨风险社会的相关理论，并以系统观为指导建构了现代风险社会治理的各种制度、机制等内容。从现有的国外研究来看，风险社会的研究最早起源于社会学的研究，并在研究过程中受到其他相关学科的关注，成了其他学科研究的新领域并取得了重要的研究成果。在法学领域，欧盟国家不仅开展了相关的风险规制制度理论研究，并且在食品安全领域对其加以应用。

一些核能开发发达国家成立了专业的风险研究学会，专门的关于风险沟通、风险分析的期刊和杂志开始陆续问世，并在几十年间发表了大量的学术论文。其中比较有代表性的是美国的《风险分析》杂志——它是美国风险研究学会的出版物，其研究内容涉及风险分析的所有领域。[1]但是，这些论文大部分是从风险分析以及风险管理等的技术角度分析与讨论风险规制的内容。此后，随着研究的深入，欧洲出现了《风险研究期刊》。该期刊的推出，在很大程度上为欧洲学者的成果展示提供了相应的平台。在研究内容与学术影响力方面，欧洲地区学者的研究事实上更为符合欧洲地区的风险控制机制的现实要求。[2]

3. 风险规制理论方面的研究现状

（1）风险评估。

伊丽莎白·费希尔（Elizabeth Fisher）认为，风险规制的开展与进行需要多种学科以及相关专业领域专家学者的共同努力。风险管理或风险规制需要在对风险进行准确、全面的评估基础上，作出适合风险决策结论的选择。[3]

布莱恩·H. 麦吉利弗雷（Brian H. MacGillivray）认为，正式的风险评估包括了分析现有规则的潜在威胁、有效数据的定义、因果推理、建立形式化的分析模型等，并在其理论分析基础上提出了风险评估应当包括的内

---

〔1〕 向欢："环境风险沟通制度研究"，重庆大学 2016 年博士学位论文，第 7 页。

〔2〕 向欢："环境风险沟通制度研究"，重庆大学 2016 年博士学位论文，第 8 页。

〔3〕 Elizabeth Fisher, "Framing Risk Regulation: A Critical Ref lection", EJR R 21, 2011.

容。[1]

罗宾·格雷戈里（Robin Gregory）、李菲灵（Lee Failing）、达恩·尔森（Dan Ohlson）和蒂莫西·L. 麦克丹尼尔（Timothy L. Mcdaniels）等人认为，应当在环境风险管理中较好地利用科学技术的评估作用，综合相关问题的事实与价值进行全面考虑；解决由发展不确定所带来的各种冲突问题，在环境风险决策过程中应当避免过度依赖科学。[2]

（2）风险沟通。

由本杰明·J. 理查德森（Benjamin J. Richardson）和斯捷潘·伍德（Stepan Wood）共同主编的《可持续发展的环境法》一书的第一部分通过4篇文章，详细分析了环境、法律与风险之间的关系，该部分文章是围绕着风险的概念以及风险沟通的内容展开的，具有较高的学术价值。[3]

基拉·马图斯（Kira Matus）在《存在的风险：对风险规制的挑战》中认为，外在的严重风险使得我们需要认真应对风险，采取风险规制措施，增强在风险规制过程中的心理信任。[4]

（3）风险规制。

马修·卡恩（Matthew E. Kahn）在分析有立法权的立法委员是否会选择在环境法律中制定风险治理方面的法律规定时发现，只有当立法委员认为在现实中受到较为强烈的风险影响的情况下，方可强化其对环境风险的认识。[5]

埃琳娜·派瑞提（Elena Pariotti）认为，在风险管理过程中应当首先明确规制对象，同时也应当确立系统化的风险管理程序，特别是要明确预

---

[1]　Brian H. MacGillivray, "Heuristics Structure and Pervade Formal Risk Assessment", *Risk Analysis*, Vol. 34, No. 4, 2014.

[2]　Robin Gregory et al. , "Some Pitfalls of an Overemphasis on Science in Environmental Risk Management Decisions", *Journal of Risk Research*, Vol. 9, no. 7, 2006.

[3]　Benjamin J. Richardson, Stepan Wood, *Environmental Law for Sustainability*, Hart Publishing, 2006.

[4]　Kira Matus, "Existential Risk：Challenge for Risk Regulation", *Magazine of the Center for Analysis of Risk Regulation*.

[5]　Matthew E. Kahn, "Environmental Disasters as Risk Regulation Catalysts? ——The Role of Bhopal, Chernobyl, Exxon Valdez, Love Canal, and Three Mile Island in Shaping U. S. Environmental Law", *J Risk Uncertainty*, 35 (2007) .

防原则在相应活动中的应用。[1]

加布里埃尔·多梅内克·帕斯夸尔（Gabriel Domenech Pascual）认为，在风险规制中，专家成员的专业技能为其参与制定与实施风险规制提供了充分的依据，并在考察政府无法有效遵从科学家所提供的风险规制建议的基础上，提出必须完善专家在风险规制中的作用与途径。[2]

乔·雷恩（Jo Leinen）认为，风险管理与预防原则在控制风险过程中发挥着重要的作用。为了更好地实现风险规制，欧盟委员会需要强化对风险预防原则的应用，并在此基础上完善风险规制。[3]

戈登·伍德曼（Gordon R Woodman）和迪特尔姆·克里佩尔（Diethelm Klippel）主编的《风险与法律》一书从多个角度对风险与法律的关系进行论述，并就风险法律规制的内容与途径、程序展开进一步的讨论，该研究成果有较高的学术价值。[4]

蔡瑄庭在《美国风险法规之作用与其司法审查案件之分析》中首先分析了美国风险法规针对风险治理的规定以及其在实践中的应用，然后结合特定案例认为应当实现风险沟通、风险分析、风险决策的衔接以及行政法律规定的衔接。

风险规制在德国公法学界是热门话题，研究成果较为丰富。风险研究的兴起源于技术系统暴露出来的严重问题，1986 年苏联切尔诺贝利核泄漏事故的发生推动了学界对科技的反思。现代科学技术风险的发生大部分源于技术系统问题（特别是技术安全方面问题）的存在、累积与爆发，因此德国风险规制研究学术界的学者大多从科技与法律的关系角度进行探讨。在研究的基础上，特别是在法律应对风险的立场上基本上形成了两个类型化的主张：一是主张坚持传统面向，即继承传统的启蒙思想以来的有关科

〔1〕 Elena Pariotti, "Law, Uncertainty and Emerging Technologies——Towards a Constructive Implementation of the Precautionary Principle in the Case of Nanotechnologies", *Personay Derecho*, 62 (2010).

〔2〕 Gabriel Domenech Pascual, "Not Entirely Reliable: Private Scientific Organizations and Risk Regulation - The Case of Electromagnetic Fields", EJRR, 2013.

〔3〕 Jo Leinen, "Risk Governance and the Precautionary Principle: Recent Cases in the Environment, Public Health and Food Safety (ENVI) Committee", EJRR, 2012.

〔4〕 Gordon R. Woodman, Diethelm Klippel (eds.), *Risk and the Law*, (Routledge-Cavendish, 2009.

学技术发展思路，通过法律为技术的发展、创新继续创造有利的条件；另一个是新增加的面向，即认为法律在技术发展过程中，应当为技术发展设置必要的界限，从而力求通过风险规制或风险管理将现代技术风险限制在一个人类可以控制的范围内。[1]

（三）国内外研究评述

1. 当前我国在核安全研究方面的成果较为丰富

学者陈春生从行政法的角度讨论了核能利用问题，认为通过行政程序等来规制核能利用行为，以追求核安全，为我国完善核安全提供了有益的参考。岳树梅认为，在核能利用中应当坚持预防原则，并对相应的法律制度进行探讨。该成果有助于我们关注核能利用中的预防原则。与此同时，我们也需要对相应的制度进行深入研究。刘画洁从核安全立法角度出发探讨我国核安全，对风险社会进行了部分讨论，这对研究核能开发利用中的环境风险规制有所帮助，但仅将其作为其中的一个分析视角，论证似乎稍显不足。方芗在其书中对公众参与治理核电风险的前提、作用、程序等内容以及对核电开发中的环境风险规制进行了研究，特别是风险沟通方面的观点具有重要的研究价值，对我们的研究具有重要的参考价值，但是对风险沟通的论述存在着不足。汪劲、耿保江在其论文中分析了安全与发展价值之间的关系，并在此基础上提出了落实风险预防原则及其他措施。该观点为核安全法的建设与核能开发提供了法律目标上的主张，具有十分重要的意义，但是就风险预防原则的内容有待进一步展开。这些研究可以成为我们研究的新起点。国外对于核安全的学术研究成果结合不同国家地区核安全的实际情况，分析认为核安全的实现需要借助核安全监督管理的完善，核安全标准以及核安全法律责任体系、核安全培训以及核安全规制措施的透明与完善。这些研究有助于推动核安全的发展，但是针对核能开发风险规制的研究稍显不足。

2. 从国际法角度开展的对核问题的研究

国内学者多数是从国际核损害责任填补、国际核污染争端解决、国际原子能机构职能、国际公约以及核废料处理等角度出发进行研究的。这些研究有助于推动我国履行国际公约以及保障国内核安全。考察国际核安全

---

[1]　刘刚编译：《风险规制：德国的理论与实践》，法律出版社 2012 年版，第 2 页。

监督管理实施也可以为实现核能开发利用风险规制提供参考。从国际法角度探讨核安全问题的学术成果，多数是从国际条约的制定、执行以及国内的法律制定、执行以及损害赔偿等角度入手，关注对人身健康财产安全问题的解决。现实中，核安全领域里形成的一些责任原则和框架义务是具有法律约束力的，因而构成了核能风险治理的国际法基础。在国际核安全问题研究过程中，需要进一步对核风险进行深入研究，以便从国际法层面为核能开发风险规制的理念、方法等提供必要的参考。

3. 从法学理论角度对风险社会进行的研究

国内一些学者认为，当前法律是控制风险社会中的重要手段，并在此基础上分别形成了自己对于法律控制方法的不同认识。杨春福教授认为，在通过法律控制风险时应当加强民主建设，加强风险预防；季卫东教授提出了国家与政府在应对风险中的职能，并提出了相应对策；李拥军、郑智航认为，风险预防原则对于应对风险具有重要作用。这些研究有助于为我们应对风险提供来自法理的参考。对风险预防原则如何通过具体的法律制度等措施的实施得到落实，上述研究成果尚未给出较好的回答。风险社会理论的出现与研究的兴起并不是孤立的，我们需要结合社会发展背景进行宏观性的考虑。风险社会理论是与反思与批判密切相关的。风险社会理论研究的对象不仅是人类科技水平的提升，还涉及生产方式以及与之相关的社会制度、社会组织体系等。归根到底，风险社会凸显了当前人类社会发展面临的危机。它是人类科技发展在当前社会生产方式背景下运行的结果。因此，我们需要从制度与文化两个方面思考风险社会。贝克与吉登斯的思想凸显了制度主义的倾向。在风险社会理论中将制度性规范性的内容凸显出来以应对风险，这种制度性建构是以改革和改良的方法对风险进行有效控制的。他们的理论和思想能够为风险社会构建一整套有序的制度和规范，以便更好地对社会风险进行有效控制。

4. 对风险预防原则的研究

国内一些学者针对风险预防的实际应用提出了自己的建议。考虑到核能开发利用过程中可能引致的环境风险问题，这些学者认为，面对各种开发利用行为所可能导致的风险，坚持风险预防原则具有重要的参考价值。这些研究有助于我国环境法中风险预防原则的深入，也有助于从一定程度上拓展风险预防原则的内容和深度，但是对于风险规制制度的具体内容仍有待进行深入研究。

5. 对风险评估的研究

国内的研究成果多数是从专家、公众以及政府在风险评估中的作用、价值以及潜在的不足进行讨论的。它们较为全面地分析了专家与公众在风险评估过程中的作用以及局限性问题。这些分析有助于我们全面地理解风险评估过程中专家判断与公众参与各自的作用与局限。对于如何协调专家判断与公众认知的作用问题，沈岿教授认为，应当科学设置风险评估的程序，但是在具体论述过程中，也只是从宏观角度对该问题进行了论述，并未就风险评估程序的细节进行进一步的讨论。其他多数的研究成果，均是从风险评估中的专家、公众作用视角进行讨论，就风险评估制度的具体构建方面的讨论稍显不足，针对风险评估制度具体内容的构建需要进一步的研究与讨论。伊丽莎白·费希尔（Elizabeth Fisher）从多学科的角度分析风险评估，同时在此基础上为风险规制创造条件。布莱恩·H. 麦吉利弗雷（Brian H. MacGillivray）从风险评估的方式、数据等具体内容来进行风险评估的论述，对风险评估具体操作程序进行研究，有助于为我们建构风险评估的程序内容提供必要的参考。罗宾·格雷戈里（Robin Gregory）等人科学地分析了风险评估中科学的不足性，认为在风险规制中要实现事实与价值的全面考虑。这些研究成果对于风险评估尚未就法律角度进行深入的研讨，稍显不足。格雷戈里等人虽然在论述中提及了事实认定和价值的重要性，但是就具体的操作程序未做深入论述。因此对于事实认定和价值考虑需要进行进一步的深入研究。

6. 对风险沟通的研究

国内研究成果多数是在对风险沟通的作用进行论述的基础上，讨论信息交流的主体、客体、内容，特别是就风险沟通的主体进行详细论述，这些研究有助于我们科学认识风险沟通的主要内容。此外，部分研究成果在实证研究的基础上，从心理学等角度提出了完善风险沟通等建议，具有重要的学术价值。然而，由于风险沟通是一个系统化、体系化的过程，上述国内研究成果也仅是就其中的部分内容进行论述，尚未对风险沟通的主体、程序等宏观性架构的设计进行充分讨论。而在国外的研究成果中，

《可持续发展的环境法》宏观性地论述了风险沟通的内容，建构了风险沟通的基本内容，对风险沟通的论述颇为科学；基拉·马图斯（Kira Matus）从信任的角度出发讨论了沟通的重要性，为实现风险沟通的有效性提供了有利的分析视角。国外这两部著作对风险沟通的研究具有重要的研究价值，但是从法学角度论述风险沟通似乎略显不足。

7. 对风险规制的研究

在国内的研究成果中，蔡守秋先生认为，强化政府环境责任是消除由组织不负责任所带来的环境风险的重要手段，并就强化政府环境责任的措施与途径进行了详细论述，但是对于政府通过何种程序与措施有效地借助风险决策来消减风险并未进行论述。辛年丰博士认为，实现公私合力有助于减少环境风险的发生以及降低可能造成的环境损失。这些论述对于风险决策制度的建立有较大的学术价值，对我国当前风险社会管理与风险决策作出了重要的理论探讨，却没有形成相应的体系论述。对于风险决策制度的构建，这些研究从决策主体等角度进行了论述，但是对于风险决策的具体程序内容的论述稍显不足。赵鹏的博士学位论文分析了风险规制的应用前提、风险预防原则的内涵等，并在此基础上对风险规制的两个基本阶段的内容、程序进行了详细论述，对制度内容的研究具有较高的参考价值。但是，风险沟通与风险决策存在着一定的差别，而且在程序上也存在着先后顺序，而这些问题在该文中并没有得到较为全面的论述。因此，在风险管理，特别是风险沟通与风险决策过程中的主体、内容、程序等方面的研究仍需要进一步加强。国外的研究成果均是从风险规制角度来具体论述风险规制的内容。蔡瑄庭以美国环境保护过程中的风险规制行为为研究视角，介绍了美国风险规制的运行内容。这些研究可为我们深入研究风险规制提供重要的学术参考，但是，这些研究多数是从宏观性角度开展的，对于特定角度的研究较少。结合风险社会的特征，相关研究需要进一步深入。国外学术界对于风险规制的理论研究成果较为丰富。这些学术成果既有从风险预防原则的角度开展的研究，也关注了风险规制的具体内容，如对风险评估、风险规制的对象、程序等内容进行研究。这些研究成果可以为国内环境风险规制的理论研究提供借鉴与参考。另一方面，针对风险评估制度内容的构建进行的研究较少。因此，对于这部分研究，我们需要结合相应研究成果的社会背景以及研究者的出发点进行进一步的探讨。

　　当前，我国有关核安全、核能开发以及风险规制方面的内容已经存在许多研究成果。这些研究成果分别立足于本身的研究内容，并对有关内容提出了有效的建议。针对核能开发的风险规制议题，当前的研究成果认为，我们可以针对相应的研究目标，确立公众参与原则、及时性原则、预防原则以及信息公开制度、风险预警制度、环境影响评价制度等有关的法律制度。这些制度对于完善我国核能开发方面的风险规制具有重要的推动作用和保障价值。然而，这些原则与制度在适用于核能开发风险规制的具体情形时需要结合核能开发的实际情况。当前，我国在食品安全以及转基因生物安全方面的风险规制具有自己独特的要素与内容，因此食品安全以及转基因生物安全方面的风险规制可以为核能开发风险规制提供有效的参考。在此基础上，我们还需要考虑相应案例对核能开发风险规制进行比较、参考与借鉴的有效性以及具体内容的设置。考察国外关于核能开发、核安全以及风险规制方面的内容，我们可以发现，国外已经采取措施针对核能开发进行风险规制，并从相关理论以及实践进行思考，这些方面的内容可以为我国完善自身的核能开发风险规制提供有效的参考。

### 三、研究目标和研究方法

（一）研究目标

1. 确立研究核能开发风险规制的背景

　　在搜集相关资料的基础上明确当前核能开发风险的特征、内容等多方面的内容。在此基础上，明确相应核能开发规制的发展阶段以及可能存在的困境，从而为分析核能开发风险规制奠定研究基础和前提。

2. 分析我国当前核能开发规制的法律现状以及不足

　　在对现有的关于核安全以及放射性污染防治方面的规范性法律文件进行梳理的基础上，结合当前我国核能开发规制的阶段分析我国核能开发规制过程中存在的不足与缺陷。在此基础上，分析在我国核能开发过程中实现风险规制的必要性、正当性以及可行性问题。

3. 确立核能开发风险规制的相关内容

　　立足于阐释在我国核能开发规制过程中引入风险规制的必要性、正当性以及可行性，结合我国核能开发风险规制的现实要求，就核能开发风险规制的理念、原则、制度以及机制进行尝试性探讨。

（二）研究方法

在研究方法方面，本书在常用的研究方法之外，同时也采取了相应的研究方法。

1. 多学科的综合研究

对于核安全的风险规制，需要具备跨学科的知识背景，需要对行政法学、法哲学等学科的研究方法与研究思路、研究成果进行深入的研读与学习，如此方可对风险规制的内容有较为深入的了解与掌握。

2. 比较研究方法

对于核能开发的风险规制，世界上的核能开发利用发达国家在这一方面积累了较为丰富的经验；比较分析国外关于核能开发规制的经验与教训可以为我国完善核能开发风险规制提供借鉴。我国目前已经开展的食品安全风险评估、转基因产品安全评价对于实现核能开发的风险评估、风险沟通具有重要的参考价值。因此，考察、分析我国在食品安全风险评估、转基因生物安全评价领域积累的经验教训，比较分析风险规制在核能开发风险规制领域是否具有可借鉴性以及如何借鉴，可以为实现核能开发风险规制提供有益的参考价值。

3. 法律文本分析方法

法律文本分析方法是法学研究的重要方法之一。通过法律文本分析，我们可以更加清晰、准确地掌握法律的内容。以放射性污染防治法为核心的关于核的规范性法律文件体系，以《核安全与放射性污染防治"十三五"规划及 2025 年远景目标》为代表的政策、规划文件以及《中国核与辐射安全管理体系》对于促进我国核安全目标的实现具有重要的指导意义。此外，2017 年 9 月，我国颁布的《核安全法》为我国核安全的建设与发展提供了来自法律的直接支撑和依据。因此，有必要对这些文件进行文本规范性分析，特别是对《核安全法》进行法律文本规范性分析，以梳理我国核安全规制的现实法律规定以及其他相应的内容。

### 四、逻辑框架和研究思路

(一) 逻辑框架

针对核能开发风险规制方面的内容，首先需要明确核能开发的现状，并根据我国核能开发的现状明确核能开发规制的历程与困境。然后，在明确核能开发风险规制的必要性、正当性及可行性的基础上，分别就核能开发风险规制的理念、原则、制度以及主体的权利（权力）义务及具体程序进行探讨。

(二) 研究思路

首先，分析我国当前核能开发的现状，为下文分析核能开发的风险规制提供相应的前提。

其次，分析当前我国核能开发规制的现状，并在确定核能开发规制的发展阶段及内容的基础上，分析当前我国核能开发规制的不足。

再次，分析我国核能开发风险规制的必要性、正当性以及可行性问题。在概述风险规制的基础上，分析我国实现核能开发的风险规制的必要性以及正当性，并且分析实施风险规制的可行性，参考借鉴国外关于核能开发的风险规制的经验教训以及我国的其他领域（特别是食品安全以及转基因生物领域）的风险规制积累的经验与教训，为我国核能开发的风险规制提供有益的参考。

最后，结合我国核能开发的现状以及风险规制的分析框架，分别从理念、原则、制度及机制，特别是从相关主体的权利（权力）义务及具体程序的角度入手分析我国核能开发风险规制的内容。

### 五、研究内容和研究重、难点

(一) 研究内容

1. 分析有关核安全的规范性法律文件

分析我国当前关于核能开发方面的规范性法律文件以及这些法律文件在实际执行中的效果与不足。当前我国针对核能开发形成了以《核安全法》《放射性污染防治法》为核心的规范性法律体系，此外还有部分关于核能开发的规划文件以及政策性文件。这些文件共同为我国核能开发规制的实现提供了法律依据以及政策支持。因此，我们需要对这些文件进行文本分析，以期明确当前我国核能开发规制的发展阶段及存在的不足。

2. 明确核能开发风险规制的特殊性

由于核能开发风险是区别于一般的食品安全、转基因安全以及其他风险性因素的风险类型。因此，对于核安全的风险规制，我们需要明确核能开发风险规制的特殊性，也即区别于食品安全风险规制及转基因生物安全风险规制的内容所在。此外，还需要明确实现核能开发风险规制的必要性、正当性以及可行性问题。

3. 厘清核能开发风险规制的具体内容

核能开发风险规制的主要内容包括：理念、原则、制度及主体的权利（权力）义务及具体程序。我们需要就核安全风险规制的具体内容进行相应的讨论。

（二）研究重点

1. 分析与核安全有关的规范性法律文件

当前我国已经制定和出台了《核安全法》，成了核安全法律体系的基础性法律文件。目前，我国针对规范核能开发建立起了以《放射性污染防治法》为核心的规范性法律体系。因此，我们需要针对相应的法律文件进行分析，以期研究当前有关核能开发风险的法律规定以及执行的具体情况，从而为引入核安全风险规制提供研究前提。此外，还需要对以《核安全法》为核心的核安全法律规范体系进行梳理，明确当前相关规范性法律体系的重点内容。

2. 明确核能开发风险规制的特殊性

由于核能开发本身在技术要求、监督管理主体以及其他方面有着自己的独特内容，核能开发风险规制也是直接对照核能开发的具体情形展开的，因而也存在着自身的特殊性。因此，本书将分析核能开发风险规制的特殊性作为研究重点之一。这也关系到了引入核安全风险规制的必要性、正当性以及可行性。

3. 核能开发风险规制内容的构建

在明确核安全风险规制的必要性、正当性以及可行性的基础上，我们需要结合我国当前核能开发的现实发展需要以及具体条件就核能开发风险规制的内容进行探讨与研究，分别从理念、原则、制度及机制，特别是主体的权利（权力）义务及具体程序等内容进行探讨。

（三）研究难点

对风险规制的研究需要掌握当前学术界已有的社会学、心理学、新闻学、传播学等多学科的研究成果。结合行政法学、法哲学等进行深入的分析与探讨，并掌握国内外关于风险规制（特别是核能开发风险规制）的研究现状以及研究进展。同时，需要结合环境行政法学的内容，针对核安全监督管理部门、核能开发利用主体以及公众在核能开发规制过程中的权利（权力）义务关系进行分析。这就需要对相关主题及内容进行持续性的关注，并对相应的内容进行深入的研究与学习。

对国外相关资料的收集、阅读与学习是一个较为艰难的过程。国外关于核安全以及风险规制的研究成果较多，尤其是在本书中涉及的比较分析部分，需要寻找相似的比较内容，较为困难。只有掌握较新而全面的资料，方可对国内外就核安全的风险规制方面的经验做法进行较为深入的比较分析，如此才能为我国核安全风险规制提供有益的借鉴与参考。

第一章

# 我国核能开发的概况

## 第一节　我国核能开发的种类

20 世纪 40 年代，人类有关核的研究与开发开始步入核应用时代——从最初有关核的科学理论研究步入了实际应用的阶段。人类利用核的方式从以最初的核武器为代表的军事利用方式发展到后来的以核电站、核磁共振等为代表的民用核能利用方式。核能的开发利用也经历了从军用到军用与民用并存发展的阶段。当前，人类利用核能的最主要形式是核能发电。铀资源是核能发展的基础，天然铀的供应能否得到保障是关系到我国核能能否实现规划目标和可持续发展的重大问题，且是需优先考虑的问题。目前，我国对核能的应用主要集中在核武器、核电站以及核动力装置这三方面。[1] 因此，我们可以说，核能开发可以被分成两大类：第一类是有关核燃料的开发活动；第二类是有关核电的开发活动。其中，第一类是实施第二类开发活动的前提条件。只有拥有丰富的核燃料，整个核设施（尤其是核电生产）才能够得以开展。此外，与核电生产相关的活动还包括相应核设施的退役等活动。这些活动共同构成了核能开发的主要活动。核技术不是一种无风险的技术，而且核技术利用了世界上最强大的破坏性物质——铀原子——来产生热能。人类认识和完全利用铀的能力有限。该限制并不保证可以消除任何潜在风险。核电厂面临堆芯熔化风险、污染风险和辐射风险。[2] 目前核能开发利用过程中的风险主要以核电厂风险为主要特征和

---

〔1〕 宋嘉颖："核能安全发展的伦理研究"，南京理工大学 2013 年硕士学位论文，第 3 页。

〔2〕 Dean Kyne, *Nuclear Power Plant Emergencies in the USA*, *Managing Risks*, *Demographics and Response*, Switzerland：Springer International Publishing AG，2017，p. 16.

内容，但是仍然要关注到利用核技术（主要为研究堆）进行科研过程中由不当操作导致的各种风险问题。

本书主要针对民用核电站在发展与应用过程中所面临的风险问题以及其他相关的活动可能产生的风险规制问题，不涉及对军用核能的研究与讨论。

## 第二节 我国核能开发的现状

我国民用核能的发展历程虽然较短，但发展规模一直持续扩大，利用水平也在提升。截至 2016 年 6 月底，我国正在运行的核电机组有 31 台，装机容量为 2969 万千瓦，在建机组有 23 台，装机容量为 2609 万千瓦，是世界上核电在建规模最大的国家。2020 年，中国核电机组数量已跃居世界第二位。[1]根据 BP 石油公司的统计，中国是 2018 年全球核能增量最大的国家。[2]经过几年的发展，截至 2020 年 4 月 27 日，我国共有核电厂 19 座、商业运营核电机组 47 台、在建机组 15 台。[3]核电厂营运单位 2019 年共报告 31 起运行事件、18 起建造事件；研究堆营运单位共报告 17 起运行事件。[4]核能作为一种能源，在开发过程中可以被分为两大类：一类是以核能开发应用为直接目标的行为，诸如核电站的选址、建设、试运行、运行以及退役等行为；另一类则是与核燃料有关的行为。这些行为主要包括采矿、冶炼、浓缩、应用以及乏燃料的处理等。这两类核能开发行为一方面将存在于自然界的核能资源开发出来以供进一步利用，另一方面则是将核能从资源状态转变为被人类所利用的状态。这两类行为共同构成了核能开发的行为。因此，本书的研究对象主要是以核能开发应用为直接目标

---

〔1〕 "核安全立法浅见"，载中国人大网：http：//www. npc. gov. cn/npc/sjb/2016-11/21/content_2003040. htm，最后访问时间：2017 年 4 月 15 日。

〔2〕 "BP 世界能源统计年鉴"，载 BP 石油公司主页：https：//www. bp. com/en/global/corporate/energy-economics/statistical-review-of-world-energy. html，最后访问时间：2020 年 8 月 31 日。

〔3〕 "中国大陆核电厂分布图（截至 2020 年 4 月 27 日）"，载国家核安全局：http：//nnsa. mee. gov. cn/hdcfbt，最后访问时间：2020 年 7 月 6 日。

〔4〕 国家核安全局："中国国家核安全局 2019 年年报"，载国家核安全局：http：//nnsa. mee. gov. cn/ztzl/haqnb/202007/P020200709590272996234. pdf，最后访问时间：2020 年 7 月 20 日。

的行为。

表 1-1  我国现有的核电项目[1]

| | 机组名 | 所在省（自治区） | 兆瓦（MW） | 技术路线 | 开工时间（年-月） | 并网时间（年-月） |
|---|---|---|---|---|---|---|
| 1 | 秦山一期 1 号 | 浙江 | 310 | CNP300 | 1985-03 | 1991-12 |
| 2 | 大亚湾 1 号 | 广东 | 984 | M310 | 1987-08 | 1993-08 |
| 3 | 大亚湾 2 号 | 广东 | 984 | M310 | 1987-08 | 1994-02 |
| 4 | 秦山二期 1 号 | 浙江 | 650 | CNP600 | 1996-06 | 2002-02 |
| 5 | 岭澳一期 1 号 | 广东 | 990 | CPR1000 | 1997-05 | 2002-02 |
| 6 | 岭澳一期 2 号 | 广东 | 990 | CPR1000 | 1997-05 | 2002-08 |
| 7 | 秦山三期 1 号 | 浙江 | 728 | Candu6 PHWR | 1998-06 | 2002-11 |
| 8 | 秦山三期 2 号 | 浙江 | 728 | Candu6 PHWR | 1998-10 | 2003-06 |
| 9 | 秦山二期 2 号 | 浙江 | 650 | CNP600 | 1997-03 | 2004-03 |
| 10 | 田湾 1 号 | 江苏 | 1060 | AES-91 | 1999-10 | 2006-05 |
| 11 | 田湾 2 号 | 江苏 | 1060 | AES-91 | 2000-09 | 2007-05 |
| 12 | 岭澳 3 号 | 广东 | 1086 | CPR1000+ | 2005-12 | 2010-07 |
| 13 | 秦山二期 3 号 | 浙江 | 660 | CNP600 | 2006-04 | 2010-08 |
| 14 | 岭澳 4 号 | 广东 | 1086 | CPR1000+ | 2006-06 | 2011-05 |
| 15 | 秦山二期 4 号 | 浙江 | 660 | CNP660 | 2007-01 | 2011-11 |
| 16 | 宁德 1 号 | 福建 | 1089 | CPR1000 | 2008-02 | 2012-12 |
| 17 | 红沿河 1 号 | 辽宁 | 1119 | CPR1000 | 2008-03 | 2013-02 |
| 18 | 红沿河 2 号 | 辽宁 | 1119 | CPR1000 | 2008-04 | 2013-11 |
| 19 | 阳江 1 号 | 广东 | 1086 | CPR1000 | 2009-04 | 2013-12 |
| 20 | 宁德 2 号 | 福建 | 1089 | CPR1000 | 2008-11 | 2014-01 |
| 21 | 福清 1 号 | 福建 | 1089 | CPR1000 | 2008-11 | 2014-08 |

---

〔1〕 表 1-1 数据源中国大陆核电厂分布图（截至 2020 年 4 月 27 日），载国家核安全局：ht-tp://nnsa. mee. gov. cn/hdcfbt，最后访问时间：2020 年 7 月 6 日。

|  | 机组名 | 所在省<br>（自治区） | 兆瓦（MW） | 技术路线 | 开工时间<br>（年-月） | 并网时间<br>（年-月） |
|---|---|---|---|---|---|---|
| 22 | 方家山 1 号 | 浙江 | 1089 | CPR1000 | 2008-12 | 2014-12 |
| 23 | 方家山 2 号 | 浙江 | 1089 | CPR1000 | 2009-07 | 2015-02 |
| 24 | 红沿河 3 号 | 辽宁 | 1119 | CPR1000 | 2009-03 | 2015-03 |
| 25 | 阳江 2 号 | 广东 | 1086 | CPR1000 | 2009-06 | 2015-03 |
| 26 | 宁德 3 号 | 福建 | 1089 | CPR1000 | 2010-01 | 2015-06 |
| 27 | 福清 2 号 | 福建 | 1089 | CPR1000 | 2009-06 | 2015-08 |
| 28 | 阳江 3 号 | 广东 | 1086 | CPR1000+ | 2010-11 | 2015-10 |
| 29 | 防城港 1 号 | 广西 | 1086 | CPR1000 | 2010-07 | 2015-10 |
| 30 | 昌江 1 号 | 海南 | 650 | CNP600 | 2010-04 | 2015-11 |
| 31 | 海阳 1 号 | 山东 | 1250 | AP1000 | 2009-09 | 2018-08 |
| 32 | 海阳 2 号 | 山东 | 1250 | AP1000 | 2010-06 | 2018-10 |
| 33 | 田湾 3 号 | 江苏 | 1126 | AES-91 | 2012-12 | 2018-02 |
| 34 | 田湾 4 号 | 江苏 | 1126 | AES-91 | 2013-09 | 2018-10 |
| 35 | 秦山 2 期 3 号 | 浙江 | 660 | CNP650 | 2006-04 | 2010-10 |
| 36 | 秦山 2 期 4 号 | 浙江 | 660 | CNP650 | 2006-04 | 2011-12 |
| 37 | 三门 1 号 | 浙江 | 1250 | AP1000 | 2009-03 | 2018-06 |
| 38 | 三门 2 号 | 浙江 | 1250 | AP1000 | 2009-12 | 2018-08 |
| 39 | 宁德 4 号 | 福建 | 1089 | CPR1000 | 2010-09 | 2016-07 |
| 40 | 福清 3 号 | 福建 | 1089 | M310 | 2010-12 | 2016-10 |
| 41 | 福清 4 号 | 福建 | 1089 | M310 | 2012-11 | 2017-09 |
| 42 | 台山 1 号 | 广东 | 1750 | EPR | 2009-11 | 2018-06 |
| 43 | 阳江 4 号 | 广东 | 1086 | CPR1000 | 2012-11 | 2017-03 |
| 44 | 阳江 5 号 | 广东 | 1086 | CPR1000 | 2013-09 | 2018-07 |
| 45 | 防城港 2 号 | 广西 | 1086 | CPR1000 | 2010-12 | 2016-12 |
| 46 | 昌江 2 号 | 海南 | 650 | CNP600 | 2010-11 | 2016-08 |

表 1-2　我国在建的核电项目[1]

| | 机组名 | 所在地区 | 装机容量（万千瓦） | 技术路线 | 开工时间（年-月） |
|---|---|---|---|---|---|
| 1 | 红沿河 5 号 | 辽宁 | 111.9 | ACPR1000 | 2015-3 |
| 2 | 红沿河 6 号 | 辽宁 | 111.9 | ACPR1000 | 2015-7 |
| 3 | 石岛湾 1 号 | 山东 | | | 2012-12 |
| 4 | 石岛湾 2 号 | 山东 | 20.0 | AP1000 | 2012-9 |
| 5 | 石岛湾 3 号 | 山东 | | | 2012-9 |
| 6 | 田湾 5 号[2] | 江苏 | 111.8 | M310+改进堆型 | 2015-12 |
| 7 | 田湾 6 号 | 江苏 | 111.8 | M310+改进堆型 | 2016-10 |
| 8 | 福清 5 号 | 福建 | 115.0 | 华龙一号 | 2015-5 |
| 9 | 福清 6 号 | 福建 | 115.0 | 华龙一号 | 2015-12 |
| 10 | 漳州 1 号 | 福建 | 100 | 华龙一号 | 2019-10 |
| 11 | 台山 2 号 | 广东 | 175.0 | EPR | 2010-4 |
| 12 | 阳江 6 号 | 广东 | 108.9 | CPR1000 | 2013-12 |
| 13 | 防城港 3 号 | 广西 | 115.0 | 华龙一号 | 2015-12 |
| 14 | 防城港 4 号 | 广西 | 115.0 | 华龙一号 | 2016-12 |

　　除上述表内所列我国目前已经实现商业运行的核电机组外，其他核电站，如田湾核电站、红沿河核电站、石岛湾核电站、三门核电站、台山核电站等均有在建机组或者是相应的核电站仍处于建设中。此外，我国还有部分科研用核项目在建或者正处于运转状态。与此同时，部分核电项目当前处于建造前期相应的准备会话阶段，如田湾核电站 7 号机组与 8 号机组目前正在进行建造阶段的环境影响评价信息公告活动。这些核电利用项目

---

　　[1]　表 1-2 数据源中国大陆核电厂分布图（截至 2020 年 4 月 27 日），载国家核安全局：ht-tp://nnsa. mee. gov. cn/hdcfbt，最后访问时间：2020 年 7 月 6 日。

　　[2]　2020 年 8 月 8 日，中核集团田湾核电 5 号机组首次并网成功，各项技术指标均符合设计要求，标志着田湾核电 5 号机组正式进入并网调试阶段，为后续机组投入商业运行奠定坚实基础。"中核集团田湾核电 5 号机组首次并网成功"，载新浪网：https://news. china. com/domestic/945/20200808/38619004_ all. html#page_ 3，最后访问时间：2020 年 8 月 9 日。

与科研用核项目在提高我国核能开发利用水平的同时也为我国的核能开发带来了风险。

"十二五"期间，我国核设施与核技术利用装置安全水平进一步提高，辐射环境安全风险可控，全国辐射环境水平保持在天然本底水平，未发生放射性污染环境事件，基本形成了综合配套的事故防御、污染治理、科技创新、应急回应和安全监管能力，核安全、环境安全和公众健康得到了有效保障。[1]

核能在许多国家的能源利用结构中均占有较大比重、实际利用比例也较高，加之严峻的节能减排的压力以及维护能源交易市场秩序稳定、确保本国能源安全的现实要求，许多国家在短期能源发展过程中完全放弃核能的利用是不太可能的，即使是发生核泄漏的日本也未放弃核能利用计划。核能开发是直接利用核的重要方式，核安全则是保障核能可持续开发与利用的重要方式。我们需要将安全作为核能开发过程中的一个重要内容。环境要素以及核设施所处地区的周边自然环境，可能会影响核能开发过程中的选址、建设、运行、试运行以及退役，同时也会对核燃料的选矿、采集、冶炼、浓缩等环节产生了重要的影响。因此，我们需要对这些行为予以有效的关注。核能开发技术的高科技性决定了人类在核能开发利用过程中必须注重科技安全性问题，既要注意到相应行为的安全问题，也要注意到高科技行为背后所隐藏的安全问题。与其他工业活动一样，核电的建设经营活动也伴随着一定的社会风险。有些事件虽然只发生过一次，甚至从未发生过，但是由于其可能造成巨大危害，因此国家大大加强了防范措施。作为核电的建设者和运行者，必须高度重视核电的安全性。[2]

核安全是一个需要被特别关注的对象，也是我国在核能开发利用过程中必须实现的目标。什么是核安全？从定义上看，核安全可以被分为广义的核安全和狭义的核安全。广义的核安全是指涉及核材料及放射性核素的

---

〔1〕 "核安全与放射性污染防治'十三五'规划及2025年远景目标"，载生态环境部：http://www. mee. gov. cn/gkml/sthjbgw/qt/201703/t20170323_ 408677. htm，最后访问时间：2020年8月10日。

〔2〕 中国电力发展促进会核能分会编著：《百问核电》，中国电力出版社2016年版，第100~101页。

安全问题，包括放射性物质管理、前端核资源开采利用设施安全、核电站安全运行、乏燃料处理设施安全及全过程的防核扩散等。狭义的核安全是指在核设施的设计、建造、运行和退役期间，为保护人员、社会和环境免受可能的放射性危害而采取的技术和组织上的措施的综合。其内容包括：确保核设施的正常运行、预防核事故的发生、限制可能的核事故后果等。[1]核安全不仅指开发利用活动的安全，也指开发活动中各项活动的安全，同时也涉及了开发利用结果的安全。核安全同时也是国家安全的重要组成部分。按照《国家安全法》的规定，[2]核安全、环境安全都是国家安全的重要组成部分。核能开发作为一个国家经济社会发展的重要组成部分，其对促进该国经济社会发展起着重要的作用，同时也有助于相应的科学技术的有效发展。

在70年左右的人类核能开发利用史上，核安全事故曾多次发生，除军用核事故之外，最具代表性的民用核事故有：1979年的美国"三里岛"核反应堆事故、1986年的苏联切尔诺贝利核泄漏事故以及2011年的日本福岛核泄漏事故。我国在核能开发利用过程中虽未发生安全事故等级为二级以上的事故，但是由于营运者经验不足、技术限制等原因，我国近年来还是发生了多起运行事件，比如秦山核电厂控制棒驱动机构耐压壳破裂、堆芯吊篮下部构件损坏，大亚湾核电站燃料棒裂纹[3]等事件，[4]田湾核电

---

〔1〕 夏立平："论国际核安全体系的构建与巩固"，载《现代国际关系》2012年第10期，第3页。

〔2〕《国家安全法》第31条规定，国家坚持和平利用核能和核技术，加强国际合作，防止核扩散，完善防扩散机制，加强对核设施、核材料、核活动和核废料处置的安全管理、监管和保护，加强核事故应急体系和应急能力建设，防止、控制和消除核事故对公民生命健康和生态环境的危害，不断增强有效应对和防范核威胁、核攻击的能力。

〔3〕 2010年5月，深圳大亚湾核电站的燃料棒出现了裂纹，由于属于二级安全标准以下的事件，所以没有公布，但在安咨会上向委员做了说明。有委员在会后把材料带回了香港，后被香港媒体于6月14日当作突发事件报道，引发深圳居民的不满。后经沟通，并未引起居民恐慌。我们注意到，在事故信息完全公开后，核电企业和当地居民的互信反而加强了。"核泄漏旧闻追问：谁的知情权与透明度"，载 http://finance.sina.com.cn/chanjing/sdbd/20100618/01088130332.shtml，最后访问时间：2016年10月11日。

〔4〕 袁丰鑫："基于博弈模型的核电的公众接受性研究"，南华大学2014年硕士学位论文，第48页。

站在运行过程中发生运转事件及建造事件。[1]每一次事件的发生都使公众对相应问题产生担忧。[2]核安全事故的存在与发生，时时刻刻提醒着人类更加关注核安全问题，与此同时也督促着人类社会积极、主动地去寻找恰当、有效的核安全监督管理手段、方式以及对核安全科学技术的发展与应用等，从而通过这些手段与措施的应用来降低可能存在的核能开发风险。三代或三代+系统中采用的被动安全设计不需要主动控制或人为干预即可防止在遭遇故障时发生严重事故，基于重力、自然对流、电气或物理电阻或物理温度极限的一系列措施也可以预防事故的发生。从本质上来看，安全的功能使危险事故几乎不可能发生。[3]我国核电堆型较多，覆盖二代到四代，包括美国的 AP1000、法国的 EPR 以及我国具有自主知识产权的"华龙一号"、高温气冷堆等 13 个堆型，这些技术分属于不同的核电集团。对安全的要求不断提升，核电的市场竞争性优势亟待提升，优化这些要求、避免不必要的"冗余"便需要对核安全进行综合性研究。[4]我国核电机组具有多种堆型、多种技术、多类标准、多国引进并存等特点，从而加大了监管难度。我国核电发展初期技术相对落后，缺乏对安全的定量判断，部分设计没有经过独立的分析、验证。早期研究堆和核燃料循环设施安全设计标准较低、设备老化、抵御外部事件能力较弱。[5]在最新的能源系统评估研究中，我国已经认识到需要在严重事故后果评估过程中明确反映风险规避。这种必要性是由风险的社会可接受性与严重事故对人类和环境造成的损害的估计值之间的差异造成的。当使用外部成本进行评估时，

---

〔1〕 如 2019 年 2 月 26 日，田湾核电站 1 号机组主凝结水二级调阀故障导致蒸汽发生器液位低停堆；2019 年 1 月 22 日，田湾核电站 5 号机组发生控制棒驱动机构密封壳与压力容器上封头管座焊缝宽度超标。运行核电机组和研究堆状态正常，三道安全屏障完整，未发生危及公众和环境安全的放射性事件。在建核电机组建造质量总体受控。运行核电厂、研究堆、核燃料循环设施、放射性废物贮存和处理处置设施以及放射性物品运输活动均未发生国际核事件分级表（INES）二级及以上安全事件或事故，核设施的运行事件和建造事件得到妥善处理。

〔2〕 李干杰、周士荣："中国核电安全性与核安全监管策略"，载《现代电力》2006 年第 5 期，第 11~15 页。

〔3〕 Nuclear Energy Agency, *Nuclear Development Risks and Benefits of Nuclear Energy*, OECD Publishing, 2007, p. 75.

〔4〕 王晓峰："创新核安全举国体制 加速核安全治理现代化"，载《中国环境报》2020 年 4 月 27 日。

〔5〕 孙浩："拥抱大数据时代 守护数字核安全"，载《中国环境报》2019 年 12 月 2 日。

可以通过风险系数将风险规避纳入对严重事故外部成本的评估。[1]

30 多年来，我国的核安全监管工作积极借鉴国际和国内其他工作领域先进的监督管理模式、法规标准体系和运作机制，在实践中发展、在创新中进步，使得核设施安全得到了有效保障，积累了丰富的核安全监管成熟经验。与此同时，核安全监管工作任务繁重、责任重大。[2]为了能够可持续地开发利用核能，核安全是核能开发与核技术利用事业发展的生命线。核安全在保障核能有序开发与应用的过程中具有基础性的地位，因此从这个角度来讲，保障与强化核安全是实现我国核能开发有序发展的前提和基础。[3]如何确保核能开发的安全？强化核安全技术的应用是一个重要的选择。在核能发展过程中，核安全目标的实现需要国际组织和各国的通力合作。当前的核能开发国际合作方式主要包括：制定相应的技术标准、强化核安全保障措施等。国际合作提升本国核安全是实现核安全的一种重要措施，但对于国内核安全目标来说，单纯依靠国际合作无法完全满足自身保障核安全的需要，因此要促使国内核安全目标、手段的实现，需要明确实现核安全的方式以及目前所采取的措施的内容。

随着我国核能开发利用技术水准的不断提高，核能开发利用技术开始出口海外，核能开发利用企业也开始获得来自国外的订单。此时，在对外合作过程中：一方面要提升安全技术水平，另一方面也要强化对相关核能开发的安全监管。既要强调对国外核能开发建设项目的安全管理，也要系统性地落实核能开发风险规制，建立体系化的核能开发风险规制制度，从而为我国核能开发利用企业提升在国际市场的竞争力提供有效的保证。此外，在国际合作的基础上，还需要进一步强化和关注我国核能开发利用过程中的风险预防原则的落实，建立体系化的风险规制系统，从而更好地提升我国在有关核能开发过程中的风险应对能力。

---

[1] Nuclear Energy Agency, *Nuclear Development Risks and Benefits of Nuclear Energy*, OECD Publishing, 2007, 60.

[2] 孙浩："拥抱大数据时代 守护数字核安全"，载《中国环境报》2019 年 12 月 2 日。

[3] 李干杰："坚持科学发展 确保核与辐射安全——解读《核安全与放射性污染防治'十二五'规划及 2020 年远景目标》"，载《环境保护》2013 年第 Z1 期，第 16 页。

# 本章小结

　　本章分析了当前我国核能开发的种类及现状。通过分析相关的内容，我们发现，我国当前核能开发呈现出加速状态，在核电利用方面呈现出多堆型、多技术种类等特征。这些堆型技术种类有的依靠自我研发，也有从美国、俄罗斯、加拿大等国引进的，不同的技术种类有不同的特征。此外，我国与法国核电公司合作共同开发的英国核电项目，前期应用法国核电技术，后期则应用中国自主开发的核电技术。在该项目发展过程中，必然会面临不同国家所设计的核电项目如何通过合作来更好地实现核安全目标的问题。虽然当前国际主流核能开发利用国家都在开发核能利用三代技术并形成了相应的三代核能开发技术标准体系，但是不同国家在设计各自的技术标准时在设计理念等方面存在着一定程度的差异。因此，面对这种情况，在引进核能开发利用技术时也需要考虑相应的安全要素及核能安全设计理念等内容，以便实现相应的安全目标。在多堆型发展过程中，我们需要特别关注的是如何有效地保障核安全的实现。此时，需要针对具体的核电厂及商业运营的核反应堆的具体安全要素及安全技术进行相应的设置，并结合有关要求设置有效的安全监管人员及监管流程与体系。由于堆型不同，相应的核能发展利用技术以及核能安全保障技术也存在差别，因此，我们在制定相应的规范性文件时应注意到有关事实，并从宏观层面对这一问题进行响应，能够从更高层面构建相关核安全规制理念及规制制度，以保障核能的有序开发与利用。

第二章
# 我国核能开发规制的历程与困境

## 第一节　我国核能开发规制的历程

### 一、技术规制为主的阶段

人类在核能开发利用过程中特别强调技术开发与应用，其主要体现在各种操作标准的制定与使用、人员培训的开展以及核能开发技能水平的提升等方面。各个国家根据各自核能发展的现状以及实际情况进行相应的核安全技术操作规程的编制，以及对核能利用各项活动的人员从业标准、操作规程、操作细节等方面进行详细的规定。

从开始开发利用核能起，我国就注重对核能开发的安全进行监督与管理。在第一个阶段，我国针对核能开发进行规制的手段以技术规制为主，主要表现为制定和颁布了许多关于核能开发的技术标准与要求，通过对核能开发过程中的各种应用技术进行规制，以达到开发核能与保障安全的目标。

虽然我国民用核能开发利用与民用核技术发展时间较晚，但是我国积极引进了许多其他国家的核能开发利用技术，如法国阿海珐核电公司的技术、美国西屋公司的技术以及俄罗斯核电的技术。这些技术在我国多个核电站、核电厂、核反应堆中得到应用——我国核能发展呈现出"多堆型、多技术种类"的特征。我国非常关注核电厂运行过程中的核安全监督与管理。核安全监督管理活动包括：对核电厂运行过程进行监督与管理；制定核安全监督管理规划；检查核安全监管设施的运行状况；培训相关核安全监督管理人员。国家将核电运行中可能出现的对环境的危害，以辐射量和发生概率为标准，划分为四个等级，针对不同的等级以及潜在的危害性，结合科学技术进行确认，然后将相应的标准分别应用于不同的核能开发许可事项。[1]我国针对核能开发利用明确规定了许可证制度，并通过相应的部门规章、技术导则等方式对许可证制度进行了细化，且在核能开发中实施。

以企业为核心的核能开发主体在发展核能的过程中制定了相应的技术标准，借助标准来推动核安全监督管理活动。开发与利用核能的企业法人通过改良核能开发利用技术，提高核能开发利用的技术标准、技术应用以及强化对相应人员的技术培训、安全培训、安全教育等措施来推动核能开发有效进行以及核安全目标的实现。由于受到公司规模的限制以及开发利用技术的掌握、利用程度等特定因素的影响，在这一阶段，核能开发的实现最主要是依靠技术规制来实现的。各项操作标准（特别是核安全标准）是保障核能开发有效规制的重要措施之一。随着国家强化对核安全目标的追求，技术安全标准也在不断被制定与更新，并确立了技术标准的法律地位，要求核能开发公司以及其他相关主体通过规制自身的开发利用行为来实现安全教育、安全管理等目标。

## 二、技术规制与社会规制并重的阶段

我国注重发展核能监督管理方式、核安全理念建设等规制措施，并结合自身的实际情况进行转化，以适应我国民用核能开发的实际需要。核能开发的规制方式也由过去注重技术规制的阶段实现向由技术规制以及社会规制并重的阶段发展与转变。

为了更好地规制与促进我国核能的开发与发展，我国颁布并执行以《节约能源法》《可再生能源法》为代表的法律，相应主管部门也制定了法规、部门规章等规范性法律文件以及相应的规划文件。[2]我国制定了有关核能开发、核安全以及放射性污染方面的法规、技术规章、技术守则、技

---

〔1〕 洪延青："藏匿于科学之后？——规制、科学和同行评审间关系之初探"，载《中外法学》2012年第3期，第547页。

〔2〕《中国国民经济和社会发展第十三个五年规划纲要》第四十四章第三节规定："实施环境风险全过程管理。加强危险废物污染防治，开展危险废物专项整治。加大重点区域、有色等重点行业重金属污染防治力度。加强有毒有害化学物质环境和健康风险评估能力建设。推进核设施安全改进和放射性污染防治，强化核与辐射安全监管体系和能力建设。"

术标准。我国目前已发布核电标准 743 项，初步建立了结构完整、内容齐
全的核电标准体系，相关标准的总体水平与国外相当，在部分关键技术标
准方面跟跑于国际通用标准和国外先进标准，但我国也存在技术路线不统
一、基础研究欠缺、自主标准推广应用不足等短板。[1]

　　2003 年以来，我国先后颁布并实施了《放射性污染防治法》《核安全
法》《放射性同位素与射线装置安全和防护条例》《民用核安全设备监督管
理条例》《放射性物品运输安全管理条例》和《放射性废物安全管理条
例》，制定了一系列部门规章、导则和标准等文件，为保障核安全奠定了
良好基础。[2]此外，我国已经加入的关于核安全的国际公约有：《核安全
公约》《乏燃料管理安全和放射性废物管理安全联合公约》《及早通报核事
故公约》《核事故或辐射紧急援助公约》《核材料实物保护公约》《国际核
与辐射事件分级（INES）使用手册》等。当前，我国关于核能开发方面的
法规、规章、技术规范有多部，这些法律规定也多数是从技术规范层面就
核能开发利用在选址、建设、试运行、运行以及退役等多个方面进行规
制的。

　　现行的核与辐射安全方面的规范性法律文件共有 127 项，其中法律 2
项、行政法规 7 项、部门规章 29 项、导则 89 项。此外，还有一部分规范
性法律文件虽未直接明确规定核安全方面的内容，但是其相关规定在核安
全方面的法律中仍得到了应用。与此同时，还有一些有关核安全方面的规
定并非是以规范性法律文件的形式出现，而是以政策文件出现的，这些在
实现核安全目标过程中同样需要得到落实。这些政策性文件主要包括：国
家核安全局、国家能源局、国家国防科技工业局《关于发布〈核安全文化
政策声明〉的通知》；国家核安全局《关于印发〈研究堆安全分类（试
行）〉的通知》；国家核安全局《关于印发〈民用核安全设备调配管理要
求（试行）〉的通知》；国家核安全局《关于印发〈福岛核事故后核电厂
改进行动通用技术要求（试行）〉的通知》；国家核安全局《关于进一步

---

　　〔1〕 "'华龙一号'国家重大工程标准化示范启动"，载人民网：http://zj.people.com.cn/
n2/2017/0414/c187005-30027235.html，最后访问时间：2017 年 4 月 18 日。

　　〔2〕 "核安全与放射性污染防治'十二五'规划及 2020 年远景目标"，载国家核安全局：
http://nnsa.mep.gov.cn/zcfg_8964/gh/201501/P020150711440366131076.pdf，最后访问时间：
2016 年 10 月 12 日。

规范核电厂操纵人员岗位管理的通知》；国家核安全局《关于加强民用核安全设备焊工焊接操作工资格管理的通知》；国家核安全局《关于发布射线装置分类办法的公告》；国家环境保护总局《关于发布放射源分类办法的公告》；国家核安全局《关于发布〈新建核电厂设计中几个重要安全问题的技术政策〉的通知》；原环境保护部办公厅《关于发布〈矿产资源开发利用辐射环境监督管理名录（第一批）〉的通知》；国家核安全局《关于发布〈概率安全分析技术在核安全领域中的应用（试行）〉的通知》。此外，关于核能开发以及核安全方面的规划主要有：《中华人民共和国国民经济和社会发展第十二个五年规划纲要》《中华人民共和国国民经济和社会发展第十三个五年规划纲要》《核安全与放射性污染防治"十二五"规划及 2020 年远景目标》《核安全与放射性污染防治"十三五"规划及2025 年远景目标》《能源发展战略行动计划（2014-2020 年）》。〔1〕另外，在推动核安全治理体系和治理能力现代化过程中，结合监管实践和发展需求，我国基本建立了一个集中统一、分工合理、资源整合、流程优化、上下协同、科学高效的核与辐射安全管理体系。此外，已制定、修订完成中国核与辐射安全管理体系第一层级《总论》、第二层级 49 份工作指南与技术管理大纲、第三层级 355 份现场监督执法程序，内容涵盖组织政策、目标与规划，组织机构和管理责任，监管重点、监管方式和频度等内容，管理体系建设取得阶段性成果。〔2〕这些规划以及相应政策性文件为核安全提供了有效的法律依据，通过这些法律及规范性文件的制定与实施，推动我国核能开发规制措施的发展。在规制核能开发过程中，我国开始利用法律等手段来规制核能开发行为，并在一定程度上保障核能开发的有序进行以及核安全目标的实现。在这个过程中，我国定期对相关涉核方面的规范性法律文件及技术导则等进行不断的修正与完善。截至 2019 年 6 月，我国颁布了《民用核设施安全监督管理条例》《民用核安全设备监督管理条例》《核材料管制条例》《核电厂核事故应急管理条例》等行政法规 9 部，发布部门规章 30

---

〔1〕 "国家核安全局—政策法规"，载国家核安全局：http://nnsa. mep. gov. cn/zcfg_ 8964/fg，最后访问时间：2017 年 2 月 2 日。

〔2〕 "大力加强核与辐射安全管理体系建设 推进核安全治理体系和治理能力现代化"，载国家核安全局：http://nnsa. mee. gov. cn/ztzl/zghyfsaqgltx/202003/t20200327_ 771473. html，最后访问时间：2020 年 7 月 20 日。

余项和安全导则 100 余项，制定核安全相关国家标准和行业标准 1000 余项，31 个省、自治区、直辖市制定地方性法规文件 200 余个。[1]将成功的做法上升为法律规范，统帅现行核能 7 部行政法规、29 项部门规章、93 项导则和百余项技术文件，与《放射性污染防治法》互相配套，为"原子能法"的立法留出空间，具有重要的里程碑意义。[2]

国家核电行业主管部门、核工业主管部门、核安全监管部门逐步完善了对核电发展进行严格管理和全面监管的各项制度措施，有效地保证了核能行业的安全、有序发展。中国核能行业协会积极与世界核电运营者协会等国际机构建立合作关系，积极开展核电同行评估、经验回馈交流及供货商信用评价等工作，切实加强行业自律建设。[3]我国核与辐射安全监管事业 30 年来从无到有，逐步建立起了适合我国国情并与国际接轨的核与辐射安全监管体制和法规标准体系，形成了"独立、公开、法治、理性、有效"的监管理念，监管能力不断加强，在核安全、辐射安全及辐射环境管理方面开展了卓有成效的工作。[4]此外，我国在实现核安全目标的过程中，重视通过成熟的设计、高质量的建造和运行管理，消除隐患、预防核事故发生。贯彻纵深防御理念，设置多道防御屏障和多重保护，强化防御措施的完整性、独立性和有效性。[5]2000 年、2004 年、2010 年和 2016 年，国际原子能机构对中国开展了 4 次核与辐射安全监管综合评估，充分肯定了中国核安全监管的良好实践和经验做法。[6]

---

〔1〕 "中国的核安全"，载中国政府网：http://www.gov.cn/zhengce/2019-09/03/content_5426832.html，最后访问时间：2020 年 8 月 10 日。

〔2〕 张金涛、祁婷："强化核安全文化建设 保障《核安全法》落实"，载《环境保护》2018 年第 12 期，第 31 页。

〔3〕 "科学理性认知中国核能安全"，载《中国环境报》2020 年 4 月 20 日。

〔4〕 "我国商业核电运行机组保持良好的安全业绩"，载中国政府网：http://www.china-nea.cn/site/content/3069.html，最后访问时间：2020 年 8 月 9 日。

〔5〕 "中国的核安全"，载中国政府网：http://www.gov.cn/zhengce/2019-09/03/content_5426832.html，最后访问时间：2020 年 8 月 10 日。

〔6〕 "中国的核安全"，载中国政府网：http://www.gov.cn/zhengce/2019-09/03/content_5426832.html，最后访问时间：2020 年 8 月 10 日。

## 第二节　我国核能开发规制的困境

### 一、技术规制层面未突出对安全措施的追求

当前，我国针对核能开发进行规制的技术手段主要为通过法律程序对核能开发操作技术标准进行认定，并确认其为核能开发过程中的技术纲领，使其具有法律标准的地位，并在核能开发过程中加以具体应用。但是，面对我国核能开发过程中出现的越来越多的风险性因素，这些技术性规制方式已难以满足现实要求。当前，相应的核能开发技术标准主要针对核能开发过程中某个具体环节或者是某个阶段的技术性要求，主要以HAF001/01/01-1993《核电厂操纵人员执照颁发和管理程序》以及HAF001/02/01-1995《核电厂营运单位报告制度》为代表的部门规章、相应的技术导则为核心。这些部门规章以及技术导则在满足核能开发具体技术标准要求以及相关法律要求方面具有一定的优势，但是在面对因核设施选址安全等方面存在的风险因素时却难以充分、有效地予以应对。技术性文件是核能开发法律体系的技术支撑，目前的核能开发、核安全方面的导则、标准等技术体系还不够完善：一是核能开发技术的制定过于依赖国际原子能机构及其他国家的标准，而在制定过程中对我国自身核能开发监管经验的提炼不足，以致其适用性和可操作性受到了限制；[1]二是核安全标准与核安全法规体系脱节，有的核安全的导则和技术文件针对功能定位规定得含糊不清或者重复交叉；三是核安全标准内部以及与其他行业标准之间的衔接和统一性不足，由于缺乏统一规划和协调，在同一技术范畴内的标准化对象，有的内容重复、交叉或互相矛盾。[2]这些不足的存在决定了完全依靠安全技术不能充分满足保障核安全的目标需要。

随着核设施、核技术利用的广泛深入发展，核安全风险急剧增多。越来越多的核风险开始出现与存在，使得当前核安全风险主要包括：一是广

---

〔1〕　陈金元、李洪训："对我国核安全监管工作的思考"，载《核安全》2007年第1期，第1~7页。

〔2〕　姬世平："核电标准对核安全法规支撑问题的研究"，载《核标准计量与质量》2007年第1期，第11~15页。

泛存在的核设施安全风险；二是核滥用和不适当应用风险，特别是在人身和物种方面的滥用和不适当应用风险；三是核污染风险；四是核伤害和核破坏风险；五是"地下核走私"和以谋求核和平利用为幌子的核扩散风险；六是放射源遗失、被盗等管理失控风险。在核开发利用史上，上述六种风险都曾经转化为现实的灾难，除了苏联切尔诺贝利核泄漏事故外，影响比较大的还有苏联"车里雅宾斯克"核废料仓库大爆炸、英国铀生产核反应堆火灾、美国"三里岛"核反应堆事故等上百起造成巨大灾难的事件。[1]此外，我们在开发利用核资源及核能的过程中，不能仅仅关注技术性方面的安全问题，而忽视可能产生的辐射性问题。单纯依靠技术性规制手段解决现有核能开发风险的难度过大。在核能开发过程中，核安全保障措施技术的发展对促进核安全目标的实现具有重要的推动作用。然而，过于强调规制措施的技术发展，会导致在核能开发过程中呈现出实施措施技术化的倾向。企业实施的活动并未与技术规制形成有效的活动体系。此外，核能开发主体会为了追求自身利益而采取一定的行为去过分地追求经济利益而忽略安全需要或采取与安全需要并不匹配的安全技术措施，这些情形的存在并不能满足我们对核安全目标的追求。

现实中，我国核电等产业大规模发展，但现有核安全监管力量已远不能适应核能和核技术发展的实际需要。现有的核安全的监管措施与方式也不足以完全有效地满足在风险社会背景下规制核安全风险的现实需要。基于此，核安全的发展需要进一步强化，但是现实中核安全的实践以及监督管理难以满足现实要求，在现有科学与技术手段无法全面、科学地响应安全需要的情形下，核能开发过程中各种风险问题日益凸显。[2]由于受科技发展水平的限制，人类社会几乎不可能制造出完全安全的、无安全瑕疵的产品或永远不会出安全故障的产品。[3]核能开发利用活动中涉及的环节很多，这些环节主要包括放射性矿产资源的采冶，铀浓缩，燃料加工，核设

---

〔1〕 冯昊青、李建华："核伦理研究的回顾与展望"，载《自然辩证法研究》2008年第7期，第72页。

〔2〕 何小勇："当代发展风险问题的哲学研究"，西安交通大学2009年博士学位论文，第124页。

〔3〕 〔美〕迈克·W.马丁、罗兰·辛津格：《工程伦理学》，李世新译，首都师范大学出版社2010年版，第155页。

施的设计、建造、试运行、运行、退役，乏燃料的处理和放射性废物的处理、运输与处置等，每个环节都涉及极为专业和复杂的技术运用。可以说，核能开发活动带来的风险实质上是一种现代技术风险，在对技术风险进行规制时，人类社会需要依赖专门的、系统的科学知识。[1]对于风险应对问题，作为一个国际性组织——IAEA 认为，虽然当前核电事故发生率低但事故造成的后果影响大，而且由于核电的公众可参与性、危害可控制性比较差，明显具有风险非自愿和控制能力小等风险特征，由于公众与专家对核能的认识不同，造成了事实上核电的公众风险评价与专家的技术风险评价在内容和结论上存在很大的差别，这种情形的存在影响了公众对核电风险的认知。单靠研究、发展和改善技术上的安全性来发展核电是不够的。单纯依靠技术规制手段已经难以有效、全面地规制核能开发过程中可能出现的各种风险问题。在针对中国核能及辐射的安全监督管理体系的评估过程中，国际原子能机构表示，中国的监督管理体系仍然存在着相关部门协调不当等问题，这会导致核安全监管的有效性和职责履行都受到影响。[2]

## 二、社会规制层面未突出对风险的应对

伴随核技术、生物技术、空间技术飞速发展而来的生态风险、核风险、转基因风险，是传统社会和工业社会所没有的，且是足以危及人类生存乃至毁灭人类的新风险。风险的确存在，有时是在等待着其转化为现实的条件，虽然眼前威胁很小，但一旦条件成就便有可能在将来产生真正的问题。[3]针对风险的损害性，美国社会学家培罗曾指出："高度发达的现代文明创造了前人社会发展过程中难以达到的发展高度，却掩盖了社会发展过程中潜在的巨大风险，而那些被认为是人类社会发展的决定性因素和根本动力的现代科学技术，正在成为当代社会发展过程中最大的风险来

---

〔1〕　胡帮达："核安全独立监管的路径选择"，载《科技与法律》2014 年第 2 期，第 243 页。

〔2〕　雷芳、严俐苹、娄思卿："生态文明视角下核电产业环境风险存在问题及对策"，载《科技经济市场》2017 年第 2 期，第 154~156 页。

〔3〕　[美] H. W. 刘易斯：《技术与风险》，杨健等译，中国对外翻译出版公司 1994 年版，第 253 页。

源。"[1]在人类技术发展史上，核辐射的存在与发生为人类提供了一次在一个可能暴露微量有毒物质且危害环境的背景下如何科学有效地响应风险的思考机会。在我们寻求回应风险的方式的过程中，这种情形的存在与发生为我们寻找应对风险的方式、思路、理念、有效解决途径提供了重要的思维路径。[2]既然当代人类发展面临的风险问题以及潜在的损害是与各种现代科学技术的开发与应用存在密切联系的，那么在这种背景下，我们不得不开始对科学技术的双重性效应进行深入的反思。[3]

与目前人类所利用的任何一种其他能源一样，核能及其利用事实上也天然地存在着风险。这种风险是双重的：一方面是错误利用或者是不当利用的风险，我们也可以将其称为"目的性风险"。[4]首先，核能是现代化科学技术发展到一定高度的产物。一旦运行中的核设施发生事故，并造成核泄漏，那么由核泄漏所导致的放射性废弃物的排放将给人类所处地区的社会环境以及相应的人类所赖以生存与发展的自然环境带来严重的损害，在有些情况下，这种损害甚至是无法逆转的。其次，核风险是人类发展史上一种没有历史经验的风险，即使是在专业领域内有较高影响力的技术专家在现有科学技术手段条件下也无法全面、准确、有效地预测核事故发生后可能造成的具体后果。在核能开发过程中，相应的核设施即使在其运行过程中没有出现核泄漏等安全事故，其在核设施相关活动实施过程中与周边环境也依然存在着密切联系，而有关核能开发利用活动对于那些长期生活、工作在核设施周边的居民是否会造成健康危害在短时间内、在现有条件下也难以被准确、清晰地查明。[5]核辐射系属隐性能量放射，被吸收时人体无法发出实时警告，通常只有在严重伤害产生后才会被察觉。因此，一般民众甚至行政机关对于辐射污染之损害反应极易陷入两极分化：不是

---

〔1〕 Perrow Charles, "Accidents in High-Risk System", *Technology Studies*, 1994 (1): 1~38.

〔2〕 William Boyd, "Genealogies of Risk: Searching for Safety, 1930s-1970s", *Ecologylaw Quarterly*, Vol. 39, 2012, p. 895.

〔3〕 刘岩："发展与风险——风险社会理论批判与拓展"，吉林大学 2006 年博士学位论文，第 125 页。

〔4〕 那力、杨楠："民用核能风险及其国际法规制的学理分析——以整体风险学派理论为进路"，载《法学杂志》2011 年第 10 期，第 20 页。

〔5〕 方芗："风险社会理论与广东核能发展的契机与困局"，载《广东社会科学》2012 年第 6 期，第 208 页。

因懵懂无知而致大祸临身，即是因捕风捉影而引发不可理喻之恐慌，阻碍正常法律之作为，故有针对跨国辐射污染对私人所产生之生理、心理与环境威胁，发展特有之保护法律机制之需要。[1]核能及其利用的目的性风险是一种"可选择性风险"，在民用核能使用过程中，如果发生严重的核泄漏，也会给周边环境及人群带来潜在的风险；而手段性风险则是一种"不可选择性的风险"，不论核能开发利用技术水准发展到何种程度，都不可能完全地规避民用核能发展过程中本身内生性的风险，如核辐射，而自然灾害的突发性、不可预见性和不可避免性也从客观上决定了这种手段性风险的不可选择性，近年来发生的日本福岛核泄漏事故便是典型例证。[2]过分依赖于所谓的科学"确定性"可能会通过激励立法机关将其辩论视为"纯粹的"科学分歧而不是价值观的分歧，进而侵蚀科学的合法性。[3]科学不确定性的存在可能与这种询问有关，但仅在与规范本身确定的因素有关的范围内，这些因素可能会也可能不会包括科学的不确定性。[4]在核领域以及其他领域，风险评估通常取决于高度专业化的专家进行的概率估计，但是即使这样的估计是基于最佳的现有证据，也可能仍然是错误的。根据历史经验，我们知道专家有时也会犯错误。理性的决策者应考虑到这种情况再次发生的可能性。[5]但是，在基于此估计值作出决策时，我们无法下定决心接受这种规模的风险，而是还需要判断估计的可靠性。当我们面对如此低的可能性时，可以说，这应该是我们审议中最重要的部分。不幸的是，概率估计中固有的不确定性常常被忽略，许多风险评估都是基于所有概率估计都系完全可靠这一隐含假设的。[6]在技术、组织、规制错误

---

〔1〕　Ann V. Billingsley, "Private Party Prection Against Transnational Radition Protecton Pollution Through Compulsory Arbitration: A Proposal", 14 Cases W. Res. J. Int'L. 339, 354 (1982).

〔2〕　那力、杨楠："民用核能风险及其国际法规制的学理分析——以整体风险学派理论为进路"，载《法学杂志》2011 年第 10 期，第 20 页。

〔3〕　Stephanie Tai, "Uncertainty About Ucertainty: The Impact of Judicial Decisions On Assessing Scientific Uncertainty", *Journal of Ccnstitutional law*, 2009, Vol. 11, 704.

〔4〕　Stephanie Tai, "Uncertainty About Ucertainty: The Impact of Judicial Decisions On Assessing Scientific Uncertainty", *Journal of Ccnstitutional law*, 2009, Vol. 11, 722.

〔5〕　Taebi Behnam, Roeser Sabine, *The Ethics of Nuclear Energy: Risk, Justice and Democracy in the Post-Fukushima Era*, Cambridge University Press, Cambridge, 2015, p. 82.

〔6〕　Taebi Behnam, Roeser Sabine, *The Ethics of Nuclear Energy: Risk, Justice and Democracy in the Post-Fukushima Era*, Cambridge University Press, Cambridge, 2015, p. 83.

中，最重要的底部信息是核事故灾害的风险沟通不足。沟通通常被认为在事件中具有次级重要性。[1]在风险治理中，专家遭遇了信任危机，通过专家理性模式实现的决策合法化模式具有内在缺陷。在决定如何应对特定风险的知识尚不存在的情况下，所谓的专家理性往往会变成一种形式化的"程序过场"。[2]

因此，为了确保核安全、降低核能开发过程中风险发生的可能性及可能造成的损害，核安全监督管理主体还需要将重心放在核安全目标实现以及安全问题应对的途径、方式上。[3]在核能开发规制的第二个阶段，技术规制与社会规制并重，均属于核能开发规制的重要方式。但是，在对相应的社会规制手段进行考察的基础上，我们可以发现当前的社会规制发展并不完善，难以满足现实要求。

首先，法律规定不充分。当前，我国核能开发正在面对越来越多的核能开发风险，但我国在 2017 年之前并没有以《核安全法》命名的法律。2018 年 1 月 1 日之前，我国没有专门的核安全法律规定，而是将相应的内容规定在了与核和放射性污染防治有关的法律中以及核能开发利用技术导则、技术标准中。这些规范性法律体系虽然可以在一定程度上保障我国在核能开发过程中追求核安全目标，特别是实现民用核能开发的目标，但是从总体来说，相应的规范性法律体系从制定主体以及法律层级来考察，尚未成为法律。从相应的法律层级角度考虑，这些规范性法律在执行过程中难以从整体上来保障核安全目标的实现。现有的大部分核能开发法律规范均是从技术层面进行规定的，这样的规定虽然可以有效地规范当前我国核能开发过程中的各项行为，以保障核安全目标的实现，但是尚未从整体上考虑核安全目标的实现。此外，以《环境保护法》（2014 年修正）为代表

---

〔1〕 Masaharu Kitamura, "Risk Communication in Japan Concerning Future of Nuclear Technology", *Journal of Disaster Research*, Vol. 9, No. sp, 2014, p. 619.

〔2〕 成协中："风险社会中的决策科学与民主——以重大决策社会稳定风险评估为例的分析"，载《法学论坛》2013 年第 1 期，第 46~54 页。

〔3〕 邹树梁、高阳："核电产业与湖南经济发展的协同效应研究"，载《中国核工业》2006年第 9 期，第 31 页。

的 16 部法律〔1〕虽然部分规定了核安全方面的内容，但是相应的规定仅是其法律条文内容的一部分，难以满足现实要求。与此同时，针对核能开发，仍有一部分法律规定了相关内容，但是并非核心内容。这些法律中的规定可以适用于核能开发，但是并非直接以核能开发以及安全为目标，虽然可以推动相应发展目标的实现，但是依然存在着力量不足的问题。〔2〕这些法律规定未能体现对安全目标、安全价值的追求以及具体的安全实现方式。

2018 年 1 月 1 日《核安全法》的实施为我国核安全建设提供了相应的法律依据，也指导着我国核安全目标的实现。从有关核安全方面的规范性法律体系来看，《核安全法》处于核安全法律体系的基础性位置，发挥着基础性法律的作用。但是，从相应的规范性法律文件的实施情况来看，仅有一部龙头性的法律是难以满足法律实施的现实要求的。我国需要立足于《核安全法》，整合现有有关核安全的各种规范性法律文件、技术导则等方面的内容，架构起一套系统化的规范性法律体系。此外，从《核安全法》规定的内容来看，其确立了核能开发许可制度、安全监督管理制度，但是相关法律条文存在着可操作性需要进一步加强的现实问题。

相关法律缺乏对核能开发风险的规定。通过对现有的核能开发以及核安全方面的规范性法律文件进行梳理，我们可以发现，当前有关法律对核能开发方面的规定主要集中在核原料、核材料、核设施管制，防止核扩散，核电安全利用，放射性物质管理和核事故应急等方面。〔3〕此外，还有一部分法律规定了有关放射性污染防治的内容。这些规范性法律文件在一

〔1〕《环境保护法》（2014 年修订）、《海域使用管理法》（2001 年）、《放射性污染防治法》（2003 年）、《大气污染防治法》（2018 年修正）、《固体废物污染环境防治法》（2020 年修订）、《水污染防治法》（2017 年修正）、《海洋环境保护法》（2017 年修正）、《环境影响评价法》（2018 年修正）、《安全生产法》（2014 年修正）、《矿产资源法》（2009 年修正）、《电力法》（2018 年修正）、《可再生能源法》（2009 年修正）和《节约能源法》（2018 年修正）等 16 部法律。

〔2〕《宪法》（2018 年修正）、《行政许可法》（2019 年修正）、《行政强制法》（2011 年）、《循环经济促进法》（2018 年修正）、《民法通则》（2009 年修正）（已失效）及其司法解释、《民法总则》（2017 年）（已失效）及《民法典》（2020 年）、《清洁生产促进法》（2012 年修正）、《侵权责任法》（2009 年）（已失效）、《刑法》（2020 年修正）及《产品质量法》（2018 年修正）等。

〔3〕张卿："对我国民用核能公众参与现状的反思与建议——以江西彭泽核电争议为切入点"，载《研究生法学》2014 年第 2 期，第 86 页。

定程度上可以满足对由放射性污染造成的核安全问题的应对，但是却没有考虑到由潜在的核能开发风险转化为现实情形时的应对措施，在面对核能开发相关风险时无法有效地加以应对。此外，我国在《核安全法（草案）》的一稿、二稿中虽然均规定了针对选址的科学评估的要求，但是依然难以满足现实需求。正式的《核安全法》规定了核设施选址的许可、核设施选址安全分析报告以及低、中水平放射性废物处置场所的选址等内容，在一定程度上可以满足实践对核设施选址的要求。从其操作性来看，相关条文规定了需要就地质、地震、气象、水文、环境和人口分布等因素进行科学评估，这样的内容基本上能够满足从技术上了解和掌握相应备选地区是否符合核设施选址安全的基本要求，但是尚有待于进一步明确相关报告的编制以及具体内容的编制程序。[1]由于缺乏认识，因此公众很容易被错误信息误导，虚构和夸大核设施的危险性，甚至造成"恐核"思想蔓延，进行"邻避运动"，彻底拒绝核设施在其附近进行选址、建造和运行。[2]

其次，现有的社会规制措施并不完善。在核能开发过程中，特别是在选址、建设、试运行、运行等阶段，核能开发行为的实施可能会给处于核设施周边的人群的生命健康财产造成重大的损失。为了降低可能由核能开发行为带来的负面影响甚至是可能造成的损失，核能开发主体需要公开核能开发的信息并主动征求公众的意见和建议。但是，在现实条件下，相关工作的开展并不顺利。虽然当前我国主要的核能开发利用企业在自身企业开发利用环节主动地开展了信息公开等活动，但是相应的科学技术知识的匮乏导致公众难以掌握和了解相应信息所蕴含的内容。此外，在核能开发环节中，根据《环境保护法》《政府信息公开条例》等规范性法律文件，核能开发相关的信息需要得到及时、有效、全面的公开，以便满足现实中

---

〔1〕《核安全法》第 22 条规定："国家建立核设施安全许可制度。核设施营运单位进行核设施选址、建造、运行、退役等活动，应当向国务院核安全监督管理部门申请许可。核设施营运单位要求变更许可文件规定条件的，应当报国务院核安全监督管理部门批准。"第 23 条规定："核设施营运单位应当对地质、地震、气象、水文、环境和人口分布等因素进行科学评估，在满足核安全技术评价要求的前提下，向国务院核安全监督管理部门提交核设施选址安全分析报告，经审查符合核安全要求后，取得核设施场址选择审查意见书。"

〔2〕 刘久："论《核安全法》背景下我国公众核安全权利的实现"，载《苏州大学学报（哲学社会科学版）》2020 年第 3 期，第 70 页。

公众对于相关信息的知情权。与此同时，《核安全法》在第五章"信息公开和公众参与"部分以专章共 7 条专门规定了核能开发利用方面的信息公开，并以此来推动公众参与。在相关条文中规定信息公开的形式，公众参与的内容、形式等相关内容，对相关核安全方面的信息公开和公众参与具有重要的推动意义。[1] 此外，相应的核能开发方面的信息一方面包括了核能开发利用各个环节科学技术应用过程中所出现的各种信息，另一方面也包括了我国针对核安全以及核设施开发利用所颁布的规范性法律文件以及许可证颁发、撤销、吊销等前提性条件。当前，我国通过网站、新闻媒体对这些信息进行了公开，但是受专业化、保密要求等因素的限制，有关信息获取的便利性问题依然存在，最终导致信息公开未得到有效实现，以致信息公开原则未能得到有效落实。2015 年 8 月，中国科学院核能安全技术所开展了一项社会调查。其调查结果表明：在调查回收到的 2600 多份有效调查问卷中，对于信息公开，60%的受访者表示核安全方面的信息并未被充分告知。[2] 虽然这样的统计数据并不能完全代表信息公开的具体实施情况，但依然在事实上表明了一种具体情况——信息公开制度尚未得到切实、有效的落实。原世界核协会战略和研究理事史蒂夫·基德（Steve Kidd）指出："核工业在舆论上遇到的许多问题可以归根于过去的过失，主要表现为对相关信息公开不够以及公开的信息无法满足现实需要。在公开信息时，发言人往往基于自身的优势地位而盛气凌人地对公众进行讲话和不公开重要信息，是核工业费了好长时间才摆脱的遗留问题。"[3] 在现实中，中广核集团在其核能开发过程中始终坚持开放透明的原则，欢迎来自社会的监督。通过定期沟通、主动披露、交流互动、现场参观等多种形式，及时向社会通报机组的安全运行状况，并在营运核电基地建立了"核与辐射安全信息公开平台"，社会公众由此可以通过互联网随时查阅核电站的相关安全信息。此外，该集团还充分利用参加展览展会、出版科普宣

---

　　[1]　《核安全法》第 63 条规定了核安全监督管理部门的信息公开义务；第 64 条规定了核能开发利用主体的信息公开义务；第 65 条规定了信息公开的方式；第 66 条规定了公众参与的方式以及内容等。

　　[2]　吴宜灿："革新型核能系统安全研究的回顾与探讨"，载《中国科学院院刊》2016 年第 5 期，第 571 页。

　　[3]　Steve Kidd，"Nuclear Acceptance"，IAEA Bulletin 50（2008）：32.

传册、编制核电科普教材等形式，传播核能科学知识，提升公众科学素养。依托新媒体，通过微旅游、微体验、微访谈等多种形式，多渠道加强与公众的沟通。[1]这些措施有助于提高公众对核电及核安全的了解，也可以促使核能开发目标及安全目标的实现，但是并不能实现风险沟通的目标。这是因为，虽然在核能开发过程中，我国有关的核能开发利用企业通过开展信息公开活动，向公众告知相应活动以满足公众知情权，但是由企业来实施导致企业更像是信息的告知主体，而公众则成了被动的信息接收主体。告知活动的单向化发展无法有效地满足信息双向沟通的需求。此外，新媒体时代的舆论传导逻辑更加难以把握。在信息网络化环境下，一些不完全客观的观点可能在短时间内使舆论发酵，以意想不到的方式爆发。涉核信息尤其敏感，更应引起高度警惕，给予及时引导、有力应对。[2]发放问卷、科普宣传、组织居民到核电站内部参观等浅尝辄止的沟通方式不足以解决中国核能发展中的社会争议，只有在核能的规划与决策中真正尊重公民权利与公众意见才有助于消除公众的疑虑。[3]

在我国核能开发的过程中，按照相关法律规定，在选址、建设、试运行、运行以及退役等环节，相关的活动不仅需要活动许可证，还需要向国家核能监督管理部门报告。除选址之外的其他核能开发活动由核能开发主体独立完成；而在选址环节，则需要进行相应的环境影响评价，在环境影响评价环节，相关主体还要依照法律规定的程序进行信息公开以及公众参与活动。然而，在具体的活动中，相应的公众参与并没有得到很好的落实，这就导致相关公众无法在选址过程中依据法律规定的程序和方式发表自己的观点、维护自己的合法权益。在规范性法律文件中，虽然环境保护法和环境影响评价法等相继规定了公众参与，但是这些制度的规定也是较为笼统的，在核能开发规制过程中并没有得到有效的明确化规定。为了更好地实现核能开发规制的目标，我国需要强化公众参与的内容与环节。虽

〔1〕 "中国广核集团安全发展白皮书"，载中广核集团：http://www.cgnpc.com.cn/n1454/n413299/n413387/c413628/attr/414437.pdf，最后访问时间：2017年3月20日。

〔2〕 郭承站："大力协同 共建共享 开创核安全公众沟通工作新局面"，载《中国环境报》2020年1月6日。

〔3〕 Y. Wu："Public Acceptance of Constructing Coastal/Inland Nuclear Power Plants in Post-Fukushima China"，*Energy Policy*，2017，101：484~491。

然《核安全法》专门规定了公众参与的内容与环节，但是从其内容来看，较为笼统且尚需进一步细化与明确。[1]此外，《放射性污染防治法》中涉及公众参与方面的规定，主要有第6条、第33条第2款。从法律规定的实际情况来看，这样的规定较现实需要仍有一段距离。此外，在法律执行过程中也较为薄弱。典型的例子就是山东乳山核电站的选址，因公众参与不足而被《国家核电中长期发展规划》列为现有沿海13个厂址中唯一"需要进一步研究的厂址"。[2]在内地核电发展过程中，彭泽核电站由于处于日本福岛核泄漏事故之后国务院收紧核电项目审批的特殊时期，加上遭到了来自邻县安徽望江的强烈抗议，导致该核电项目仍处于停建状态，相关服务业项目也随之停滞，造成了极大的资源浪费。[3]彭泽核电项目早在1996年就率先通过了国家有关核设施选址的"初步可行性研究"审查。对于彭泽核电项目来讲，其一期工程开工以及实施其他活动按照法律规定所需核准的34个批复文件已取得了29个，相关的行政审批一直进展顺利，然而因过不了"民意"这一关而最终导致缓建。这样的情形充分体现了政府考虑与公众接受之间的差异性，因此这个案例具有较强的代表性。[4]此外，2013年，江门核原料加工生产基地项目引发了民众的质疑和大规模抗议活动，并最终在民众的反对声中被取消。但据专家对此的风险评估，核燃料加工生产基地的任务是将天然的核燃料经过各种工艺过程制成燃料原件，供核电站使用，并不涉及核反应和核裂变环节，因此也就完全不存在高辐射风险。[5]这个案例反映出了技术性风险评估和公众风险感知之间的鸿沟日渐扩大，并给风险沟通带来了一定的难度。在中国，核项目易被

---

〔1〕《核安全法》第66条规定："核设施营运单位应当就涉及公众利益的重大核安全事项通过问卷调查、听证会、论证会、座谈会，或者采取其他形式征求利益相关方的意见，并以适当形式反馈。核设施所在地省、自治区、直辖市人民政府应当就影响公众利益的重大核安全事项举行听证会、论证会、座谈会，或者采取其他形式征求利益相关方的意见，并以适当形式反馈。"

〔2〕于达维："乳山核电僵局"，载《财经》2008年第7期，第98页。

〔3〕"彭泽核电停建逾两年，千亿投资梦中断"，载搜狐网：http://stock.sohu.com/20131225/n392344202.Shtml，最后访问时间：2017年4月10日。

〔4〕张卿："对我国民用核能公众参与现状的反思和建议——以江西彭泽核电争议为切入点"，载《研究生法学》2014年第2期，第83页。

〔5〕刘进胥、柏波："广东江门开建核原料基地　网友质疑为何动工后才公示"，载凤凰网：http://news.ifeng.com/mainland/detail_ 2013_ 07/12/27428695_ 1.shtml，最后访问时间：2017年4月10日。

"污名化"的趋势在一定程度上阻碍了核能产业的发展进程。从 2013 年 7 月广东江门鹤山核燃料项目被取消到 2016 年 8 月连云港核燃料循环项目因公众的"邻避活动"导致搁浅，公众对于"涉核项目"风险的反应十分激烈。在广东这个核电大省以及江苏省连云港市这个居民对核电并不陌生的地方（距离连云港市中心 20 多公里的田湾核电站首台机组已经投运超过 10 年）都出现了这样的问题。[1]在我国多地发生的涉核项目被当地人强烈反对并停止实施的情况，一方面造成了相应项目的前期投入无法回收，另一方面则反映出了涉核项目在整个投资、建设过程中未能有效地开展信息公开、与公众沟通而受到社会公众的反对以至于项目无法继续进行的情况。公众在涉核问题上的风险感知往往更加显著，并且在我国涉核项目的建设过程中，人们对风险的感知远远超过了对成本的感知。[2]公众对核能的接受性已成为核能发展面临的主要挑战之一，这与法律制度缺位而使相关问题得不到规范化解决有关。[3]

从法学的角度来讲，我们需要特别关注的是在核能开发社会规制过程中可能出现的各种问题，并采取预置性的措施，以便预防可能发生的核事故。风险评估与管理在以往未被重视，而在过去的十年内，法律与政策开始要求决策者实施定量风险评估，关注风险管理过程。[4]通过对我国现有核能开发、核安全以及放射性污染防治等多方面的规范性法律文件的梳理，我国在核能开发风险规制方面经历了以技术规制为主的阶段以及技术规制与社会规制并重的阶段。当前，我国针对核能开发的风险规制存在着法律规定不充分、社会规制手段发展不足等问题，难以满足现实中对风险规制的需要。

---

〔1〕 张振华等："涉核项目的'污名化'现象及对策研究"，载《辐射防护》2019 年第 1 期，第 67~73 页。

〔2〕 邓理峰、周志成、郑馨怡："风险—收益感知对核电公众接受度的影响机制分析——基于广州大学城的调研"，载《南华大学学报（社会科学版）》2016 年第 4 期，第 5~13 页。

〔3〕 胡帮达："核安全法当以保障公众权益为立法本位"，载《世界环境》2017 年第 1 期，第 87 页。

〔4〕 E. Fisher, "Drowning by Numbers: Standard Setting in Risk Regulation and the Pursuit of Accountable Public Administration", 20 O. J. L. S, 2000, p. 109.

# 本章小结

本章中，在对我国现有关于核安全方面的规范性法律文件进行列举梳理的基础上，我们可以发现，当前我国虽然已确立了以核安全法为核心内容的法律，并确立了核安全为主的发展目标，但是相关法律规定仍分散在不同的法律以及相应的规章、条例以及技术标准、技术导则之中。当前，我国核安全方面的法律规定较为欠缺，主要表现为基础性的核安全法律规定仍然有待进一步细化与完善。此外，从核安全方面的规范性法律文件所涉及的规定及现实法律实施来看，我国相应的法律规定存在漏洞，尤其是在核能开发规制方面存在明显不足。主要表现为：技术性规制未能突出对安全目标的重视、社会性规制未能突出对风险问题的应对，分别表现为缺乏相应法律规定、信息公开及公众参与难以满足核能开发风险规制的现实需要。这些不足的存在致使当前我们无法有效地借助规制，以预防可能发生的风险问题。对此，强化对核能开发的风险规制可以有效地发现潜在的风险问题，以便有针对性地采取相应的预防措施。

第三章
# 我国核能开发实行风险规制的
# 必要性与正当性

## 第一节 风险规制的概述

### 一、风险规制的定义

风险规制是典型的"面对未知而决策"的活动。[1]什么是风险规制？风险规制即设立专业的行政机构，对可能造成公共危害的风险进行评估和监测，并通过制定规则、监督执行等法律手段来消除或者降低风险。[2]风险规制活动是由专业机构开展的。风险规制的特征主要包括以下几个方面：首先，所规制的风险将会给人类、社会或者环境带来严重的不利影响，甚至是不可逆转的影响，针对这种情况不能仅仅采取事后应对措施，还需要考虑事前预防措施；其次，风险规制需要采取有效的预防性措施，这些预防性的措施能够有效地针对存在的风险；最后，风险规制是预防性措施的方式之一。风险规制的目标是针对未知的风险所预先采取的措施，其属于预防性措施的内容。风险规制是实现风险预防原则的重要方式之一。风险规制的目的在于通过手段应对风险，以期降低、减少或消除相应的风险以及在风险转化成现实后可能造成的各种损害，尤其是那些不可逆的严重损害。

---

〔1〕〔德〕哈贝马斯：《在事实与规范之间——关于法律和民主法治国的商谈理论》，童世骏译，生活·读书·新知三联书店 2003 年版，第 533~535 页。
〔2〕赵鹏："风险社会的自由与安全——风险规制的兴起及其对传统行政法原理的挑战"，载《交大法学》2011 年第 1 期，第 52 页。

## 二、风险规制的内容

风险规制主要包括风险信息的收集、沟通，风险评估以及风险决策等内容。这些内容在事实上有机地构成了风险规制的核心内容。实务中，风险评估、风险沟通以及风险决策之程序，往往是相互关联的，而非彼此之间相互独立运作。

风险沟通是在风险分析过程中，风险评估人员、风险管理人员、消费者、企业、学术界和其他利益相关方就某项风险、风险所涉及的因素和风险认知相互交换信息和意见的过程，内容包括风险评估结果的解释和风险管理决策的依据。[1]风险沟通的目的是搭建风险议题讨论的公共领域，提供不同利益主体之间开展建设性对话的制度空间，以便对持不同观点的支持者进行理性评议。[2]

风险沟通的特征主要包括：①风险沟通过程的双向性。风险沟通强调在特定问题上信息交流与沟通的双向：一方面需要政府、专家学者就特定问题所包含的科学性知识以及可能采取的措施进行宣传；另一方面也需要政府、其他组织对公众群体针对特定问题所持有的认识见解进行收集、整理、分析并关注、了解、掌握与吸纳公众意见。②风险沟通对象的特定性。将风险信息作为风险沟通的对象，更加强调信息所包含的风险性问题。③风险沟通主体的多样性。风险沟通的主体不再仅局限于传统信息沟通过程中单一的信息发布者，也包括公众、其他社会组织等。

为了降低科学技术带来的负面影响，自然科学家创设了技术风险分析，目的是评估相应技术发展过程中可能存在的技术风险，并采取有针对性的措施。风险评估在很大程度上是依据科学方法由相关领域内的专家作出的。公众对科学家、政府和企业所提供的信息的可信度抱有怀疑。为了解决这个问题，风险沟通应运而生，引起了公共部门和私有部门及社会公众的极大兴趣，它被看作是一种可以解决现实中许多棘手问题的措施——

---

〔1〕 FAO/WHO, Food Safety Risk Analysis：A Guide for National Food Safety Authorities, Rome, Italy, FAO, 2006.

〔2〕 强月新、余建清："风险沟通：研究谱系与模型重构"，载《武汉大学学报（人文科学版）》2008 年第 4 期，第 502 页。

其最显著的作用是成为联系与沟通专家意见和公众风险认知的桥梁。[1]

面向公众的风险交流，实质上更加强调公众的风险认知在风险管理活动中的各种作用，在本质上突出了团体间、公众间关于风险信息的交流与互动，而并非是事实上的单一组织或者相应的风险专家在风险应对过程中对风险的管理与控制。[2]风险沟通可让行使风险决策权的行政机关或者是管理部门收集到相关科技专业领域对同一问题的不同观点或学说，通过信息的交流确立沟通平台，让多样的科技理性与认知开展相应的讨论与辩论，从而避免事实上由单一的科技理性来做最终决定。[3]沟通的重要性在于使人们在讨论过程中更清楚地掌握问题的风险本质，通过讨论、辩论及其他形式将决策的基础扩散到社会中去，并达成共识，从而促使社会公众接受相应的决策依据以及据此所作出的决策结论。[4]在受这些问题影响的个人和组织间建立对话是至关重要的。进行有效对话的要素包括：利益相关人之间的咨询，承认科学的不确定性，考虑各种选择以及公正、透明的决策过程。如果不做好这些事情，将会导致信任流失、决策失误、工程延误和成本增加。[5]

风险沟通的发展主要分为三个阶段：第一个阶段为"技术风险评估"阶段。在这个阶段，专家在进行实验的基础上将风险信息传达给公众，并告诉公众风险发生概率和后果程度的科学事实。通过科学的可信性来说服公众，以达到取得公众理解的目的。风险沟通取得成效的标志就是知识有限的公众的理解和满意程度、相应的评估结果得到公众的接受和认

〔1〕 强月新、余建清："风险沟通：研究谱系与模型重构"，载《武汉大学学报（人文科学版）》2008 年第 4 期，第 502 页。

〔2〕 吴宜蓁：《危机传播——公共关系与语艺观点的理论与实证》，苏州大学出版社 2005 年版，第 67 页。

〔3〕 王希平："基因改造食品管理之相关法问题研究"，东吴大学 2002 年硕士学位论文，第 155 页。

〔4〕 刘亚平："食品安全——从危机应对到风险规制"，载《社会科学战线》2012 年第 2 期，第 215 页。

〔5〕 世界卫生组织：《WHO 关于电磁场风险沟通的建议：建立有关电磁场风险的对话》，杨新村等译，中国电力出版社 2009 年版，前言。

可。[1]风险沟通的第二个阶段强调社会关系，表现出更为互动的对话、建立沟通模式，更加重视个人、团体和组织之间信息与意见的交流过程。风险沟通的第三个阶段的显著特征是，信任在风险沟通中的位置与作用越来越受到重视，与此相应，风险沟通与管理当中不信任状况的普遍存在也得到了更多的注意。有效的风险沟通必须发挥四种功能：一是教育和启发信息接受者认识和处理风险；二是风险训练和行为引导，帮助处理风险和潜在危害；三是帮助公众树立对风险评估和管理机构的信心；四是帮助利益相关者和公众参与风险评估和管理，解决风险管理中的冲突。[2]

风险评估是指对由接触人体造成的已知或潜在的对健康以及周边环境的不良影响的科学评估，是一种系统地组织科学技术信息及其不确定性信息来回答关于风险的具体问题的评估方法。[3]从风险评估的概念来看，我们可以获知风险评估的内容主要包括开展风险评估的主体、实施风险评估的程序以及最终获得相应的风险评估结果。

风险规制首先应该建立在对科学事实的理解与认知的基础之上。[4]对科学事实的理解需要依靠风险评估。风险规制需要事先进行尽可能完整的科学评估，从而界定每一阶段不确定性的具体程度。[5]风险评估基于科学的事实判断与共识。在风险评估过程中，评估的目的是通过量化方法，建立概率性的因果关系分析框架，以作为制定管理政策的知识基础，而只有当风险评估成为一门客观、理性的科学时，方能满足这种功能需求。因此，在风险评估过程中，风险评估的主体在实施评估时应当做到忠实于科学，避免个人偏好、政策考虑对评估活动及结论的不当干扰，从而最终确

---

〔1〕　伍麟："从'教育'到'信任'：风险沟通的知识社会学分析"，载《社会科学战线》2013 年第 9 期，第 180 页。

〔2〕　黄新华："风险规制研究：构建社会风险治理的知识体系"，载《行政论坛》2016 年第 2 期，第 78 页。

〔3〕　国家标准化管理委员会农轻和地方部编：《食品标准化》，中国标准出版社 2006 年版，第 120 页。

〔4〕　[美] 凯斯·R. 孙斯坦：《风险与理性——安全、法律及环境》，师帅译，中国政法大学出版社 2005 年版，第 368~369 页。

〔5〕　Commission of the European Communities, *Commission Communication on the Precautionary Principle*, Brussels.

保价值中立。[1]建立风险评估的目的在于对风险发生途径、产生作用的方式等进行科学的评判，从而在采取有针对性的措施的基础上实现对风险的有效预防。[2]风险评估的任务是全面、系统地搜集、分析、组织并呈现相关信息；其本身并非被用作对具体结果之争论或是要求得出一个特定的结论。

风险评估包括以下几个特征：首先，风险评估是对风险信息进行进一步的评估。需要收集较为丰富的信息，特别是那些涉及风险具体情况的风险因素以及与之相关联的因素的信息，以对各个风险因素以及与其有关的关系性问题进行深入的评估。其次，为了保障风险评估程序的完整性以及相应风险评估结果的准确性、科学性，风险评估要求对风险评估主体、评估对象以及评估程序进行进一步的确定，从而更好地实现这一目标。最后，风险评估是承接风险信息沟通与风险决策的重要环节。

风险评估主要包括以下几个阶段：第一个阶段是根据风险评估的具体要求，确定风险评估主体人员构成。风险评估主体主要来自物理学、化学、生物学、环境工程、环境保护等与风险评估对象有关的专业学科以及包括伦理学、社会学、政治学、管理学、法学、心理学在内的人文科学与社会科学的专业人员。第二个阶段是确定风险评估程序。在这一阶段，要确立风险评估活动开展的环节与程序，设置评估模型，并根据所收集到的信息，按照实际操作规程进行评估。具体的风险评估实施过程一般来讲包括以下四个步骤：①确定可能的风险，即识别危害；②画出剂量—效应曲线，即确定个人接触的剂量、浓度与所带来的伤害风险之间的联系；③估算人体的接触量，即对特定的员工、特定地区或普通大众而言，会有多少人在多长时间内接触到不同剂量的特质，也就是说估算风险发生的概率；④对结果加以归类，即在前三个步骤的基础上对各种风险的特征加以描述，并从危害程度和发生概率等维度进行划分和归类，从而确定要对哪些

---

〔1〕 赵鹏："风险评估中的政策、偏好及其法律规制——以食盐加碘风险评估为例的研究"，载《中外法学》2014 年第 1 期，第 35 页。

〔2〕 张小飞、郑晓梅："当代科学技术的文化风险与规制"，载《西南民族大学学报（人文社会科学版）》2014 年第 12 期，第 74 页。

风险进行优先规制。[1]第三个阶段是对风险评估结果进行有效的二次同行评估。对于风险评估的结果来说，需要重新组织风险评估同行评估专家组，按照新设置的风险评估程序对评估结果进行重新评估，主要目的在于实现对评估结论科学性、准确性的研究与确定，从而实现评估结果的科学性与准确性的目标。

为了更好地实现安全目标，我们既需要对决策进行强化利用从而针对不明确的风险问题作出科学决策，也需要对安全目标实现有效的追求，接续风险信息沟通、风险评估的程序，从而在事实上完成风险规制的整个链条与环节。因此，我们需要借助风险决策来完成这样的任务。

风险决策是指风险决策主体在已经完成的风险沟通以及风险评估的基础上对风险评估的结果针对默认的目标进行抉择，以便针对相应目标作出科学的选择。其通过一定的程序设计与运行针对充满不确定性的风险内容作出一定的决策与选择，从而针对特定的问题作出决策，以便开始实施特定的行为。

风险决策的特征：①风险决策对象的特殊性。风险决策的目标是根据特定情况依照特定的要求针对潜在的风险性问题作出最终的决策。②风险决策过程的特殊性。风险决策程序需要符合严密、准确、科学与民主等要求。在风险决策过程中，风险决策主体根据风险评估的结果（包括同行评估的结果）按照风险规制的最终目标进行决策选择。在这个过程中，要听取决策相对方的建议和意见，并结合实际情况作出相应的选择。③风险决策目标的特殊性。风险决策的目标是基于对特定行为实施过程中可能存在的各种风险性因素进行选择，以降低风险发生的可能性以及在风险发生后可能造成的损害。最终的风险决策目标是在保障安全目标的基础上，实现多种价值追求之间的衔接与协调，以便实现各种利益之间的协调和最终利益的最大化。④风险决策的作用是实现决策结果的科学性与民主性，以便保证相应结果的可接受性，从而更好地实现风险规避的目标。

---

　　[1]　[美]史蒂芬·布雷耶：《打破恶性循环：政府如何有效规制风险》，宋华琳译，法律出版社 2009 年版，第 9 页。

### 三、风险规制的对象

风险规制的对象就是各种风险性因素，特别是近代以来发展与兴起的各种技术性风险、社会性风险以及工程性风险，这些因素主要存在于人类利用科学技术手段在开发利用自然资源过程中所产生的不确定因素，特别是那些在发展过程中可能给人类、社会或者自然环境带来的严重不利影响甚至是不可逆转的影响。这些风险一旦成为现实，必将给人类、社会以及生态环境带来严重的负面影响。由于当前的科学技术无法全面应对人类所面临的各种难题，因此，我们在风险社会的发展过程中，应当将各种风险性因素作为风险规制的对象。然而，并非所有的风险性因素都是风险规制的对象，只有那些可能给人类及周边环境造成严重的甚至是不可逆转的负面影响的因素才可能成为风险规制的对象。

### 四、风险规制的作用

风险规制是一系列专业、系统的活动，其活动异常精巧复杂：在风险规制活动中，它需要识别和分析风险发生的概率和可能产生的后果，及时发现各种潜在的风险隐患，充分暴露和发现各种问题，并有针对性地采取措施，避免和降低风险。在应对风险问题的过程中，管理者或者决策在实施风险规制活动时除了要考虑风险造成或可能造成的损失和风险发生的可能性，还必须综合考虑相应社会的脆弱性以及其对风险的承受、控制和应对能力。[1]此外，风险管理的主要功能在于平衡风险与各种社会目标间的竞争性利益，进而实现风险与利益的协调与平衡，实质上其并不单纯只是为了消弭风险。然而，风险管理的最终目标并不是消除所有可能的风险，这是因为我们当前所掌握的科学技术手段并不能完全满足我们科学认识自然与应对各类问题的需要。

因此，通过风险沟通，将风险评估以及风险决策方面的各种信息及时向相对主体进行告知，可以使其在确保公众知情权的基础上更清晰、明确地了解有关信息，进而作出决策，以达到科学决策与民主决策之间的平

---

〔1〕 钟开斌："风险管理：从被动反应到主动保障"，载《中国行政管理》2007年第11期，第101页。

衡，保障风险决策结果的可接受性，进而实现规避风险的目标和任务。

## 第二节　我国核能开发实行风险规制的必要性

### 一、风险规制是弥补传统规制手段不足的重要方式

从国内外核电站发展的历史来看，民用核电站的发展已经进入了第三代核电站建设阶段。在从第一、二代核电站发展到第三代核电站的过程中，各国越来越强调开发技术的安全性要求。当前我国民用核电的多机组、多堆型、多技术种类的现状要求我们采取不同的安全监督与规制措施。为了实现核安全的目标，我们致力于通过设置技术标准以及成立监督管理部门，实现安全化管理，以最终降低在核电站建设运行以及退役后可能造成的各种不良影响。虽然我们在开发利用核能过程中，已经采取各种措施努力地去降低核能开发过程中可能造成的严重损害，但是由于核电站的运行不只是依靠技术，同时还需要技术装备以及其他各种装备——这些装备在运行过程中需要得到认真的检查、维护并及时采取有效措施进行防护。基于人类理性以及科学知识的有限性，人类无法全面、有效地掌握有关开发利用行为的全部信息；基于信息的不全面性以及人类理性的有限性，人类活动无法全面促进相应活动的积极发展。

考虑到核能的高科技性、危害潜在性等特点，人类一直将核安全作为核能开发过程中各项活动的首要目标。加强对核安全的监管是各个核能利用国家的重要选择。为了更好地实现核能开发的有序进行，人类走过了一条从技术规制向技术规制与社会规制并重的规制与监督管理的发展道路。核安全技术监管是实现核安全的重要措施。各个国家均致力于通过科学技术研究来为核能开发的发展（尤其是为核安全的发展）提供各种先进科技手段，并积极加以应用。

人类对核能的认识在逐渐加深，通过科学水平的提升，人类对核能的利用开始从军用向民用发展。核电站的建设与运行代表了一个阶段人类社会科技的发展目标与发展高度。但是，以美国"三里岛"核反应堆事故和苏联切尔诺贝利核泄漏事故、日本福岛核泄漏事故为代表的一系列核事故的发生宣告人类对自身认识的不清楚、不到位给人类生命健康财产以及周

边环境造成了重大损害。由于人类对与核能有关的行为尚未获得充分的认识，因此开发利用核能充满了不确定性。这种在核能开发与发展过程中产生的不确定性因素，使得人类活动也充满了各种不确定性。这些不确定性使得社会充满了风险。核能科技的发展犹如一把"双刃剑"：一方面，其推动了经济和社会更快地向前发展；另一方面，核能科技利用带来的负效应，特别是其可能对人们生命、健康和财产造成的侵害具有严重性和不确定性，令人"谈核色变"。基于这些事实与现实要求，核能开发规制显得十分重要，但基于核能风险的特点，传统的行政法决策与管理模式对核能风险规制的具体特征以及应对策略等难以作出有力的阐释、说明和回答。[1]由于核能是人类科学技术发展到巅峰的产物，因此大众需要科学技术专家对其风险进行评估和定义。然而，在现实运行中，由于在技术上无法克服核能的不确定性，于是技术专家的知识总是不断地被新的知识所质疑、挑战或者推翻。[2]

由于人类对核技术的开发与利用并未获得全面、充分的认识，加之人类在核能开发过程中相应操作失误等因素的存在，导致技术性规制的效果十分有限，无法充分满足实际需要。此外，在我国的核能开发过程中，开发利用决策及相关活动的实施所依据的决策依然需要依靠相应的传统决策机制来作出。在传统决策过程中，由于沟通方式的错位，技术专家意见与公众主观风险感知在事实上存在巨大的差异。传统的风险管理观念认为，"风险＝事件发生的概率×特定后果的规模大小"，风险的大小取决于可能性和危害程度两种因素。因此，风险决策主要是基于收益与损失之间的比例所作出的。但是，随着人们对于风险认识的不断深入，风险水平不再局限于技术层面，还受主体对风险的主观感知的影响。在风险发生过程中，专家与公众对于同一风险存在着认识不一致的情形，主要表现为专家倾向于从技术角度理性地阐释风险的实际大小，而一般公众往往从主观的角度去感知与理解未知的风险。[3]传统的发展决策机制缺乏事实上的双向、交

〔1〕 伏创宇："核能规制：从危险防止到风险预防"，载《绿叶》2013年第3期，第101页。

〔2〕 方芗："我国大众在核电发展中的'不信任'：基于两个分析框架的案例研究"，载《科学与社会》2012年第4期，第66页。

〔3〕 "直面核电公众沟通对核电发展的影响"，载中国电协企业联合会官网：http://www.cec.org.cn/xinwenpingxi/2015-07-02/139999.html，最后访问时间：2017年4月9日。

互式沟通，在实际活动中，由于忽视多元社会主体所形成的多元多样化的价值判断与相关社会理性的反思，这种情形的存在常常使得科技风险规制有暗箱操作之嫌。[1]很多地方政府和民间组织已经体验到了一个基本的（虽然有时是痛苦的）教训，即事先假设受影响的群体不想或者没有能力参与有关建设新的设施或批准采用新技术的决定，这是很危险的。[2]

　　此外，随着社会的发展，社会高度分工以及专业学科的划分形成了知识隔离的严峻现实，在学习、工作过程中，每个人都专注于自己本身的行业。专业化的过度细致必然会对社会的凝聚构成一定程度的实质性威胁，此外专业化功能越强，社会分解的作用在事实上就越明显，因此在这种情况下掌握着极为专业知识的每个人在事实上都会无可避免地成为知识狭窄的"单面人"。[3]当前越来越细的专业划分、专业界限越来越明显地导致人们将注意力集中在自己的专业上，而对其他专业则知之甚少。有的时候，专家发挥优势所需的信息是不存在的或者是成本高昂的，同时，受人类理性的限制，专家几乎与常人一样处于一种无知的状态。[4]专家仅仅能够或多或少地针对特定的问题提供一些不确定的事实信息。专家永远不能简单地回答这个问题：哪种风险是可以接受的，哪种是不能接受的。[5]这种情形的存在，导致我们在面对核能开发风险时，必须借助相关领域内的专家学者，通过集体的风险识别与评估活动来实现对相应风险的认知与了解。

　　工业化、现代化的深入发展将人类带入了因经济和科学技术进步而产生的人为风险的社会发展时期，从这个意义上来讲，风险社会来临了。[6]

---

〔1〕　U. Beck, *Risk Society, Towards a New Modernity*, London：Sage Publications，1992.

〔2〕　世界卫生组织：《WHO 关于电磁场风险沟通的建议：建立有关电磁场风险的对话》，杨新村等译，中国电力出版社 2009 年版，前言。

〔3〕　张昱、杨彩云："泛污名化：风险社会信任危机的一种表征"，载《河北学刊》2013 年第 2 期，第 120 页。

〔4〕　沈岿："风险治理决策程序的应急模式——对防控甲型 H1N1 流感隔离决策的考察"，载《华东政法大学学报》2009 年第 5 期，第 14 页。

〔5〕　[德] 乌尔里希·贝克："风险社会政治学"，刘宁宁等编译，载《马克思主义与现实》2005 年第 3 期，第 44 页。

〔6〕　张劲松："风险社会的生态政治与经济发展"，载《社会科学》2008 年第 11 期，第 4 页。

在风险社会，技术创新能力把工业活动可能给人类社会带来的灾难性潜能放大到超出现实中人们依据现有科学技术能力所可能了解和掌握的范围，而这种情形的存在与发生使风险呈现出了一种普遍性（在特定情况下的灾难性）特点。面对这种情形，我们迫切需要重新审视现代社会既有的价值观、世界观，并从制度和文化等多个角度识别、确定以及有针对性地采取风险治理对策。[1]在开展风险评估及风险沟通之前，一个重要的任务是实现风险认知。风险认知作为一个心理学上的重要概念，是指主体对客观风险和风险特征的体会、认识和理解。风险认知与主体的个体差异、期望水平、自愿性程度、教育程度等因素密切相关。[2]科学技术作为一种认知世界和改变世界的手段，其发展程度也对风险认知有相当大的影响。[3]现代科学技术的发展在不断深化人类对周边世界认知水平的同时，也未能对核能开发利用技术的发展能够给人类生命健康、财产安全特别是生态环境带来什么样的影响给出一个具体、清晰、明确甚至是准确的结论。这种情况实际上对人们对核能风险的认知产生了极大的影响，并带来了认知上的障碍。而此时的认知障碍也将会使人们对核能开发利用技术在应用过程中可能对周边的自然环境及人类社会产生的各种影响（包括积极影响和消极影响）产生高度怀疑，从而催生各种公民活动，给经济社会带来不利影响。这需要我们认真反思当前我们对核能进行开发利用的风险认知问题。

社会转型过程中总是伴随着社会风险的产生与变化，人类社会的每一次重大社会转型事实上都伴随着社会风险的产生与发展——它既是一定时期内各种长期积累的社会问题的总爆发；同时，在人类社会发展过程中，新的问题总是在不断出现，这种情形在社会转型中更为明显，更是人类社会转型过程中层出不穷的新问题的发展与再累积。[4]转型期的中国，现代风险的高度复杂性、不稳定性、广泛影响性以及社会发展的高度多元化、

---

[1] 范纯："风险社会视角下的俄罗斯核电安全"，载《俄罗斯中亚东欧研究》2012 年第 6 期，第 14 页。

[2] 谢晓非："风险研究中的若干心理学问题"，载《心理科学》1994 年第 2 期，第 104~108 页。

[3] 于文轩："生物安全风险规制的正当性及其制度展开——以损害赔偿为视角"，载《法学杂志》2019 年第 9 期，第 81 页。

[4] 赵欢春："论社会转型风险中国家治理能力现代化的建构逻辑"，载《南京师大学报（社会科学版）》2014 年第 4 期，第 42 页。

层次化，使得现代风险治理的主体不能再像过去那样只是由公共权力部门作为单一的主体承担应交由更加广泛的多元社会主体承担的风险应对任务。在风险应对过程中，如果仅依靠掌握着大量社会资源的公共权力部门单一地来应对与处理风险社会发展中呈现出的各种风险，那么便极有可能会因为相应的风险应对主管部门所掌握的风险信息不足而导致风险应对的实际效果有限，也可能会因为有关的社会团体以及利益相关者应对不及时或者不科学而使得收获的效果有限。

在人类社会的发展过程中，科技风险的产生与发展是科技本身的内在属性和外在社会因素综合作用的产物与结果。[1]传统的核能开发规制主要依靠技术规制与监督管理，已无法全面地满足社会发展的要求。随着社会的发展，核安全的监督管理已经不再是一种单纯的技术监管，更多地是加入了社会监督管理。在人类对核能、化学品、转基因等新技术的开发与应用过程中，越来越多的不确定性因素开始出现与发展。这些情形与因素使得以政府为核心的治理主体在治理核能开发过程中可能因遭遇各种风险问题而无法有效、全面地应对现实需要。不同治理对象的特殊性以及政府职责要求政府应当承担起相应的监督管理职责，在履行职责过程中，政府有关部门在应对时需要引入新的治理思维。

风险的科学不确定性以及其他相关因素给人类社会带来了发展的不确定性以及社会关系的不确定性，因而更加需要通过法律上的确定性来加以应对。[2]随着风险社会的到来，现有新发展的许多法律制度的目标均为保护权利和预期的安全，以便使它们不至于受到各种强力的侵扰。[3]在环境法发展过程中，当前新时期的环境法存在的目的已经不再是单纯地配合传统财产法去实现社会价值和个人财富的保值与增值，而是要借助预设的法律规制手段，去尽可能降低社会的各种风险，从而最终增强人类社会乃至

---

〔1〕 丁祖豪："科技风险及其社会控制"，载《聊城大学学报（社会科学版）》2006年第5期，第8~12页。

〔2〕 唐皇凤："风险治理与民主：西方民主理论的新视阈"，载《武汉大学学报》2009年第5期，第683页。

〔3〕 ［美］E. 博登海默：《法理学——法律哲学与法律方法》，邓正来译，中国政法大学出版社2004年版，第258页。

整个生态系统的安全性。[1]在应对风险社会问题时，风险社会中的法律制度和政治制度必须关注风险责任的均衡和分摊，这种现实要求迫切地需要在实践中重新平衡政治家、专家和普罗大众之间的风险决策权力关系，在事实上明确和肯定公民了解风险、参与风险决策过程的权利。[2]出现这种发展需要，是因为政治家、专家以及公众受到种种因素的限制而无法恰当地发挥其在应对风险方面的效力。

基于技术高度复杂性等原因，现代风险管理难以依靠传统的风险管理观念来应对风险，而是需要借助更多系统性的、现代性的风险管理原则、制度、机制以及具体化的风险规制措施。在应对核能开发过程中可能出现的各种风险问题时，核能开发风险规制可以有效地通过风险识别、风险评估等程序及活动的开展来认识、了解与掌握现有技术开发应用条件下潜藏的风险要素。在掌握相应的风险信息及风险评估的基础上，核能监督管理部门以及核能开发主体可以通过风险沟通以及风险决策活动的实施去寻找与应对核能开发过程中的风险问题，从而降低风险转变为现实的概率及可能造成的损害。合理的核安全制度目标就是将核能风险控制在一定范围之内。该范围不应只是行政机关和有关专家制定的技术指标，也不应只是核能企业的安全承诺，而应体现公众对核能风险的接受程度，因为公众愿意在何种风险水平下生活涉及社会性的价值选择问题，而不仅仅是技术决策问题。[3]因此，核能开发风险规制可以弥补传统规制手段的不足。

此外，在核能开发过程中应用风险规制，首先可以推动相应主体对核能开发利用的技术发展程度、核安全等多方面的要素所持有的认知水平、认知观点进行改进和提高。在这个过程中，我们可以借助组织开展"全民国家安全教日""公众开放日（周）""核安全文化进校园、进小区""科普中国、绿色核能"等各类核科普活动，通过研讨交流、实地体验、媒体

---

〔1〕 李拥军、郑智航："中国环境法治的理念更新与实践转向"，载《学习与探索》2012 年第 2 期，第 106~109 页。

〔2〕 唐皇凤："风险社会视野下的民主政治再造"，载《中国浦东干部学院学报》2009 年第 4 期，第 101 页。

〔3〕 胡帮达："核安全法当以保障公众权益为立法本位"，载《世界环境》2017 年第 1 期，第 87 页。

宣传等形式，增进全社会对核安全的了解和认识。[1]通过这些方式来进一步强化对与核能开发利用有关的各种信息的公开，在开展相关教育活动的基础上，通过向重点人群（甚至是利益相关方）开展相应的信息公开，来进一步提高他们对核能的认知水平，从而在此基础上逐步提升相关社会公众（特别是利益相关方）对核能开发利用过程中可能产生的风险问题的认知能力和认知水平，从而为后续相关核设施运营单位开展相关的信息公开、公众参与活动提供有效的对话基础和对话平台。在对核能开发利用进行风险规制时，开展有效的风险认知活动可以为风险沟通提供有效的基础和平台，同时也可以为风险评估和风险决策提供部分有价值的参考意见和建议。此时，需要特别关注的是，核能开发利用方面的风险沟通活动贯穿于整个核能开发的风险规制环节，在风险评估和风险决策环节，相应的风险沟通活动的侧重点和内容并不一致，此时欲强化相应环节内的风险沟通的效果，需要努力改善和调整相应公众（特别是利益相关方）以及核能开发利用主体及核设施运营单位所开展的风险沟通活动，在相关活动环节中借助有关程序和平台及对话交流机制积极地开展信息交流、对话与沟通，彼此交流各自的意见和建议，从而为后续的相关环节奠定有效的信息基础。与此同时，对于相关公众（特别是利益相关方）来说，在与核能开发利用主体或核设施运营单位开展信息交流、对话及沟通的过程中，其也可以不断地提高自身对核能开发利用过程中可能产生的各种风险问题的认知水平。在此基础上，相应的公众（特别是利益相关方）可以基于自身的认知，结合自身现实要求（如经济要求、安全要求等）选择和采取符合自身利益需求的行为（如搬家、安装防护性设施——双层玻璃等或者其他行为）来满足自身的利益需求，从而在一定程度上避免因核能开发利用而给自身合法的生命、健康、财产安全及经济利益造成相应的损害。

在核能开发利用过程中采取风险规制措施：一方面可以通过风险评估、环境影响评价等程序为核能开发利用找出潜在的不利影响，并按照相应的核能开发利用许可等途径来进行有效应对；另一方面则可以保障公众的信息知情权不受侵犯，同时也可以帮助公众通过行政诉讼（针对核安全

---

[1]　"中国的核安全"，载中国政府网：http://www.gov.cn/zhengce/2019-09/03/content_5426832.html，最后访问时间：2020年8月11日。

监督管理部门）、生态环境损害赔偿诉讼等方式来救济自己可能由核能开发利用带来的生态环境损害。而这也是传统救济方式所不能够完全涵盖的内容，传统的救济方式不能够完全解决相应的问题，可以借助风险规制来实现相应的救济目标。

**二、风险规制是应对核能开发特殊风险的重要措施**

核能开发有着其自身的特殊性。正是这些特殊性的存在，要求我们针对核能开发进行风险规制。因此，风险规制是应对核能开发特殊风险的重要措施。

首先，核能开发技术的特殊性要求我们采取风险规制措施。核能开发是一种高科技行为，其行为实施过程包括了多种不同的开发利用行为，这些行为往往与其他行为存在着接续性的关系，但同时又与其他行为不同，不仅是技术应用的不同，最主要的是目的不同。为了更好地规制这些行为活动在实施过程中可能造成的核能开发风险，我们需要对其开展相应的风险规制。在核能开发过程中，技术应用需要依靠相应的装备设备来保障，因此有关的装备设备的安全也是直接影响核安全的重要因素。解决因人类技术发展因素的不足所导致的装备风险性问题同样需要我们采取风险规制措施。

其次，核能风险发生方式的特殊性要求我们采取风险规制措施。核能作为能源，其发生的机理主要是通过核裂变的方式进行的。在核裂变发生过程中，存在着大量的电磁辐射。电磁辐射无法通过肉眼感知以及其他方式直接察觉，需要依靠相应的技术装备才能被发现。而核辐射对人类产生不良影响甚至是危害的前提是短期内大剂量的辐射照射。这种方式直接作用于人体机体，通过强烈辐射改变人类细胞的组成部分，导致病变，并在短期内改变人类机体，从而造成各种辐射性危害。核辐射在危害人类身体健康安全的同时也在改变着核辐射发生地域周边的自然生态环境。当地自然生态环境在一定程度上与人类发生着交互影响，这种影响既包括对人类生活环境的积极影响，同时也包括由于核辐射的存在而给人类生命健康财产安全造成的各种负面影响。这种影响方式与目前所开展的食品安全风险规制以及转基因食品安全风险规制存在明显的不同。目前，食品安全风险以及转基因食品安全风险对人类产生影响的方式主要是，通过人类对相应存在风险的食品进行食用并直接作用于人类身体而产生的相应风险，甚至是危害。而核能开发的风险作用于人类则一方面是直接作用于人类本身，另一方面是借助对人类所处周边地区的自然生态环境产生影响而进一步作用于人类，这种作用的产生存在一个时间差，也就是说通过环境影响人类的生命健康财产并不是即时性的，而是存在着一个较长的时间，出现这种情况恰恰与核素的半衰期有关系。不同的核素有着不同的半衰期，有的核素半衰期为几天，有的核素半衰期为几十亿年，以现有科学技术力量以及现实条件，想要在短期内消除这样的影响是十分困难的。因此，我们在核能开发过程中需要主动对其进行风险规制，从相反方向寻找核能开发过程中的风险可能存在的形式并采取有效的应对措施，以最终降低风险可能造成的损害。

最后，核能开发风险应对方式的特殊性要求我们采取风险规制措施。从人类已经发生的核安全事故来看，部分核事故的发生是由人为因素引起的，而部分核事故则是人为因素与自然因素共同起作用的结果。由于核辐射发生作用的方式是通过放射性电磁辐射，在这个过程中，需要首先产生大量的电磁辐射并作用于人体以及周边的自然环境，然后产生相应的作用，而这区别于一般的食品安全以及转基因生物安全风险发生作用的方式。对于消除核辐射所产生的不良影响，需要针对相应的核污染采取化学等多种方式才能完成，而这种方式也与其他的应对风险措施存在着不同。在应对核能开发风险的过程中，既要应对因核能开发风险可能对周边自然环境造成的损害，也要应对核风险可能对人类社会造成的损害。由于人类社会遭受的损害方式、具体程度与自然环境受到的损害方式、具体程度存在着差异，所以我们需要针对这两种不同的风险后果分别采取措施加以应对。因此，需要针对相应的核能开发过程中存在的风险问题进行风险规制，寻找出核能开发风险存在的方式以及可能发生的方式，从而采取有针对性的措施加以应对。

此外，以核风险为代表的社会风险的最特殊之处在于——随着技术的不断进步，风险发生的可能也在不断提高，且可能造成的损害程度也在加深。随着近些年来国际社会对于发展核能的重视，核技术在不断得到提高的同时也导致了核风险发生概率的提高。核能风险具有极高的严重性和不可逆性，这决定了在对其进行风险管理时必须秉持一种审慎的和开放的态度。应对核风险，必须综合考察各方面的因素及相关因素事实上可能出现的发展与变化；为全面掌握相应核能开发风险方面的信息，必须将公众意见、建议纳入风险决策的全过程；现代核能开发过程中，在应对核风险时，不能仅采取传统的规制措施与决策模式，而是必须从一种整体性的角度去看待核能以及与其相关的科技、政治、经济、社会等各个领域的互动关系。[1]为了确保核安全目标的实现，相应的行政主管部门应当在核设施的规划、建设、运行以及退役各个过程中采取预防措施。例如，核能开发国家应当在核设施实际存续期间在其各种活动中持续地对各个运行中的核设施开展安全评估。[2]

人类开发利用核能需要对相应的自然环境以及周边人类社会实施规模较大的开发行为。基于当前人类对于核能的认知尚处于不断进化的阶段，而我们又未完全掌握相应的知识以更好地、全面地应对核能开发过程中相应行为实施所可能产生的各种问题，我们在开发利用核能过程中需要借助风险评估等手段科学、全面地认知人类开发利用核能过程中可能产生的风险，特别是风险存在的情形、发生的条件以及相应风险发生的机理、情形、条件等；通过风险沟通等程序掌握更多的相关信息，并借助科学的风险决策活动，掌握和了解应对核能开发风险的有效措施，在此基础上采取有针对性的措施来应对这些风险问题，最终实现核安全的目标。因此，核能开发规制是应对特殊性核能开发风险的重要措施。

### 三、风险规制是科学应对公众"核恐惧"的重要方式

当前，我国科学技术在不断深化、扩展与发展，相应的技术风险也在不断加深。由于人类对世界及科学技术的认识处在一个不断加深与扩展的过程中，加之人类认识的有限性因素，人类对技术风险以及可能存在的隐

---

〔1〕 那力、杨楠："民用核能风险及其国际法规制的学理分析——以整体风险学派理论为进路"，载《法学杂志》2011 年第 10 期，第 21 页。

〔2〕 Stephen Tromans, James Ftzgerald, *The Law of Nuclear Installations and Radioactive Substances*, p. 72 (1st ed. 1997).

患往往认识不足。核能开发利用技术也呈现出了这样的特点。在核能开发利用发展过程中，人类对核技术的开发利用尚未形成全方位的认识，因此当前我们对核技术风险的潜在长久性认识不足。当前核技术仍然处于不断的发展过程中，目前尚未对所有有关的核能开发利用技术进行科学、有效、充分的评估，从而使得我们对核技术风险的潜在长久性认识不足。而这也恰恰导致了核风险的潜在性以及在操作过程中可能造成损害的危害性。因受到我国能源供给实际情况的限制，我们开始加大对核能资源的开发、建设与发展。由于受到有关核辐射、放射性危害等知识传播的影响以及世界上已经发生的核事故的严重后果所带来的各种影响，加上公众并非充分掌握相应的科学知识，导致公众无法全面了解相应的风险，对潜在风险性的认识不足使得公众对核能开发利用具有很强的敏感度，也对潜在的核风险产生了一种恐惧感。基于对核风险的恐惧，相应的公众采取了阻止相应核设施的建设与运行的行为，致使相应的活动无法继续开展。与此同时，在国内，在核能开发利用过程中进行风险沟通的主体主要是核能开发利用企业或者说是核设施运营单位，那么此时开展风险沟通便容易存在由信息不对称导致的不信任问题，进一步导致相应的风险沟通效果不佳，从而影响风险规制的具体实施效果。

公众对核电安全信息掌握和理解得非常少，从而使核电的公众接受问题趋于复杂，容易使得公众难以接受核电，进而成为核电发展的阻力和障碍。[1]此外，科技风险意识淡薄使得部分民众无法及时、有效地全面掌握有关核能开发的各种信息，导致其无法有效地参与到核能开发过程中，无法有效地保护自身的合法权益。这种情形的存在不利于我国核能开发风险规制的发展以及核安全目标的实现。风险规制的著名原则（如事故风险必须被尽可能地控制在合理范围以内）并不是真正解决涉及核与辐射风险的社会冲突措施。这是因为该概念是立足于另外一个词语——"合理可行"——的表述模糊性基础之上的。[2]个体对核电采取什么样的态度在很

---

〔1〕　杨舸、刘华军："中国核电安全规制的研究——理论动因、经验借鉴与改革建议"，载《太平洋学报》2011 年第 12 期，第 80 页。

〔2〕　Masaharu Kitamura, "Risk Communication in Japan Concerning Future of Nuclear Technology", *Journal of Disaster Research*, Vol. 9, No. sp, 2014, p. 625.

大程度上是一种风险决策。在这种风险决策中，人们对核能风险与收益的感知会直接影响到其决定对核能持有怎样的态度。[1]日本福岛核泄漏事故后，在中国首个引起公众广泛关注的核能项目是"广东江门鹤山核燃料项目"，该项目将上马之时，由于遭到当地民众（特别是周边地区民众）的强烈反对而被迫中止建设。纵观事件全过程，民众并没有充分知晓实际情况，就对大型涉核项目的安全风险表现出了天然的抵抗。事件处理过程中，官方所采取的方式仅仅是通过对话，机械地强调"绝对安全"。出于本能以及对核电项目的误解和恐慌，民众更加认定项目"必定危险"。信任危机造成的"风险污名化"致使双方的"对话"语境错位，最终导致该项目无法开展。[2]

为了更好地减少核能开发中潜在的风险问题，监督管理主体不仅需要依靠强有力的、先进的技术手段来开展相应的监督管理活动，而且需要鼓励居住、生活在相关核能开发利用设施周边的公众积极地参与到核安全的监督管理活动之中，通过发挥自己的作用实现核安全的最终目标。面对当前我国在核设施选址等环节出现的公众"恐核"情形，我们需要采取有针对性的措施加以应对，而风险规制正是应对这种问题的措施之一。通过风险沟通，将风险评估以及风险决策方面的各种信息及时向相对主体进行告知与沟通，可以使民众在确保自身知情权的基础上更清晰、明确地了解有关信息，从而基于自身情况作出决策，以达到科学决策与民主决策之间的平衡，通过完整的风险规制活动的开展，保障风险决策结果的可接受性，以达到规避风险的目标和任务。这种情形同样存在于核能开发过程中，风险规制活动的有效开展与应用能够使相关核能开发利用主体科学地应对公众的"核恐惧"。

## 第三节　我国核能开发实行风险规制的正当性

风险规制对于核能开发目标的有序、健康发展具有重要的意义和价

---

〔1〕 邓理峰、周志成、郑馨怡："风险—收益感知对核电公众接受度的影响机制分析——基于广州大学城的调研"，载《南华大学学报（社会科学版）》2016年第4期，第5~13页。

〔2〕 张振华等："涉核项目的'污名化'现象及对策研究"，载《辐射防护》2019年第1期，第68页。

值。然而，在核能开发过程中，是否需要引入风险规制并发挥其认知风险、应对风险的作用，仍然需要恰当地分析风险规制在核能开发过程中的正当性问题。也即从风险规制在核能开发方面的价值和功能角度入手，更好地为风险规制在核能开发中的应用创造相应的条件和价值。风险规制在实现协商民主方面具有重要的作用和价值，并在分析与发现核能开发所产生的各种风险因素的过程中具有重要的价值和意义。我们需要强化相应的风险规制在核能开发方面的正当性问题，从而寻找其在核能开发应用中的价值所在。

**一、核能开发风险规制有助于实现正义的价值**

针对核能开发实施风险规制，可以在一定程度上实现核安全目标，同时也有助于协调核能开发过程中所涉及的多种价值。针对核能开发进行风险规制可以协调安全、利益等多个法律价值之间的关系。

在核能开发过程中，特别是在核安全目标的实现过程中，需要协调多个法律价值之间的关系。主要表现为安全价值与利益价值、安全价值与秩序价值之间的关系以及排序问题，但最主要的是还是实现实体正义价值与程序正义价值。

在社会发展过程中，社会价值体系中包括有多个价值内容，诸如安全、效率、秩序、公平、正义等内容。当我们将这个价值体系放在风险社会背景下时，可以看出，在这个价值体系中，秩序、安全等价值具有重要地位。在风险社会中，当不同价值发生冲突时，特别是当安全价值与效率价值发生冲突时，风险社会的不安性质会使得安全理念高于效率。核能开发需要强化对高科技的投入与使用，在这个过程中，安全应当作为核能开发的首要价值与目标。也就是说，在相应的价值体系过程中，需要坚持"安全第一"的要求。安全价值具有前提性、基础性意义。安全价值的实现是其他价值（诸如秩序价值、正义价值等价值）实现的前提。这是因为，安全价值的实现有助于推动人们在正常的生产生活中开展相应的行为活动而不需要为维护自身的安全而花费过多的时间和精力，从而可以为良好秩序的形成发挥重要的推动作用。此外，人们只有生活在一个安全的社会中才能更好地开展其他经济行为，而不是过多地将时间和精力集中在维护自身的生命、健康、财产等多重基本利益。在对安全价值与利益价值进行排序与选择的过程中,我们首先需要实现安全价值,这样的价值安排有助于推动对相应利益价值以及利益行为的选择与实施。在人类社会发展过程中,利益的选择与发展是推动人类社会进步的重要力量。在核能开发过程中,行为的实施会直接关系到不同主体之间的利益问题。不同主体在核能开发利用过程中具有不同的利益取向,因此,我们在开发核能的过程中,需要协调利益价值与其他价值之间的关系并更好地保护各个主体之间的合法权益。在这个阶段,为了更好地推动和实现安全目标,我们需要针对安全价值及其与经济价值的关系进行协调与平衡。基于风险规制,我们可以借助风险评估实施成本效益评估,从而更好地寻找当前我国核能开发过程中适当的核能技术,平衡安全价值与利益价值之间的关系,并实现核安全目标的建设。实现安全价值与利益价值及其他利益关系或者价值追求之间的协调与平衡,能够满足人类社会发展的需要,而这同时也是实现实体正义的前提。

1. 实体正义的实现

在核能开发过程中,由于相应的行为涉及多个合法主体的利益,因此需要努力协调与平衡多个主体之间的利益。在这个过程中,核能开发行为涉及相应开发主体的合法权益以及处于核能开发活动周边的公众的利益。因此,需要借助风险规制活动的实施推动这些利益之间的协调。在风险规制过程中,特别是风险沟通、风险决策环节中,需要由相应的主体积极收集公众以及其他特定群体就核能开发行为的风险信息以及风险决策活动的开展发表的观点和建议,从而更好地推动这些主体利益的协调。风险沟通、风险决策过程中的参与主体积极发表自身的观点和意见、建议有助于推动相应主体获得较为丰富的信息,从而提高决策的科学性。在风险规制过程中,风险沟通及风险决策等环节与活动的开展能够保障相应主体发表自己的观点,并借助自己的活动影响他人的观点,最终影响相关决策的作出,从而维护自己的利益并实现自身利益与其他利益的协调,而这个过程恰恰也是实现实体正义的过程。

在核能开发过程中,核能开发主体以及政府主管部门掌握的信息较为重要,而公众及社会团体所掌握的信息则较少。在核安全目标实现过程中，保障核安全行为的实施以及具体的实施情况对于公众来说较难得知。在无法获取全面信息的情况下，公众难免会对核能开发利用产生相应的恐惧感。这样的恐惧感会迫使公众为了维护自身的安全以及合法权益而选择不发展或者迫使核能开发主体异地发展核能。相较于其他能源项目，核电只要发生任何风吹草动甚至流言蜚语，便都会导致公众立场发生极大改变，核电公众沟通犹如逆水行舟，不进则退。[1]这样的行为，一方面会影响相应核能开发所可能创造的巨大经济利益与社会效益，另一方面也会阻碍民众对相应信息的获取、收集与了解，无助于民众克服恐惧。实施风险规制的行为，特别是借助风险评估活动，有助于推动相应政府、社会团体以及公众对核能开发（特别是核能开发行为）加深了解。在实施风险规制过程中，特别是在风险沟通以及风险决策环节，我国需要鼓励与要求相应的公众、社会团体积极地参与到有关的活动之中，平等地收集与发布信息、平等地参与相应风险决策的作出。这些活动的开展与实施可以保障相应的公众平等参与到相关活动中，这样有助于实现相应的平等价值与正义价值。

2. 程序正义的实现

在风险沟通、风险决策过程中，借助公众参与、信息公开等多种行为的实施，可以实现相应主体对法律义务的履行。在这个过程中，这些行为的实施有助于体现正义价值。在正义实现过程中，一方面是借助法律规定来实现正义的目标要求，另一方面是借助执行法律的程序性规定来保障正义的实现。为了更好地实现正义，在核能开发过程中，我们需要特别强化相应决策的科学性、民主性，从而更好地使核能开发决策被广大公众接受并保障其得到有效的执行。在针对核能开发进行风险规制的过程中，我们需要科学地制定与执行风险规制活动，特别是相应活动开展的程序，依靠程序的科学性、民主性来保障正义价值的实现。

在核能开发利用过程中落实和实现风险规制，对于核能开发利用安全目标的实现具有重要的作用。建立核能开发利用的风险规制程序，并严格遵守相应的程序，一方面，对于保障相应核能开发利用风险规制程序得到

---

[1]　汪志宇：“核电企业公众沟通常态化机制建设亟待加强”，载《中国环境报》2020年4月20日。

有效的落实、安全目标得到实现具有重要的意义；另一方面，严格执行风险规制的各项程序是实现安全目标时程序价值得以有效体现的重要方式。风险规制的活动主要包括风险识别、风险评估、风险沟通和风险决策四个重要的组成部分。在风险评估和风险沟通过程中，需要严格遵守相应的程序。第一，风险评估需要确定风险评估对象—识别风险要素—收集风险信息—建构风险评估模型—开展风险评估活动—得出风险评估结果。从相应的程序来看，风险评估具有重要的程序要求。这是因为，在风险评估过程中，特别是风险评估具体开展过程中，一旦发现新的风险要素，便需要对相应的风险要素进行重新识别并收集相应的各种信息，进而重新开始实施相应的风险评估活动。第二，在风险规制过程中，风险评估也具有严格的程序要求。在风险评估过程中，其主要的环节包括：风险评估结果的获得—信息公开（包括风险评估结果信息公开和与风险评估、风险沟通相关的信息公开）—评估结果的公开—组织人员进行讨论、研究并达成共识—风险沟通的实现。此时，如果在风险沟通环节中参加风险沟通活动的人群提出新的意见，相应的风险沟通环节需要专门就新的意见和建议及新的信息重新组织相应的风险沟通活动，而相关活动的开展也正是严格遵守相应风险沟通程序要求的重要体现。在风险规制活动中，严格落实风险评估、风险沟通及风险决策各项活动，能够保证相应的核设施运营单位、相关公众（特别是利益相关方）有序地组织并参与到风险规制活动之中，积极地就核能开发利用可能导致的风险进行评估、沟通及管理，并在此基础上作出科学的决策，进而实现核安全目标。为保证程序正义的实现，沟通协商应当具有"有效性"：按照事先明确的规则，不仅可能使遭受核电厂选址决策影响的公众均有适当的机会和方式充分知晓核电厂选址可能对自身身体健康、财产安全和环境造成的消极影响与核电厂选址将给经济发展和促进就业等带来的积极影响，平等地表达自己的看法，对政府的决策和核电厂营运单位的行为表达质疑，并得到及时而明确的答复，而且可以使公众的意见得到充分考虑，对决策产生实际影响。[1]

在风险规制过程中，风险沟通、风险评估、风险决策构成了风险规制

---

[1] 汪劲、张钰羚："我国核电厂选址中的利益衡平机制研究"，载《东南大学学报（哲学社会科学版）》2018年第6期，第95页。

的主要内容，同时在这些活动执行过程中具有重要的程序性要求，只有依靠程序的科学性并得到有效的执行方可实现风险决策结果的科学性、民主性，最终推动正义价值的实现。正义价值的实现有助于达成核能开发过程中各种利益的协调，同时也能够实现多种价值之间的协调与平衡，从而更好地实现正义价值。对于核能开发的风险规制，可以协调安全价值、利益价值、平等价值之间的关系。多种价值之间的平衡与协调有助于社会总体利益与价值的实现，而这恰恰也是正义所追求的内容。因此，核能开发的风险规制可以推动正义价值的实现。此外，通过风险评估、风险沟通以及风险决策等环节的科学设计与应用，可以在这个过程中借助政府、专家及公众实现蕴含于其中的实体正义与程序正义，最终推动正义价值的实现。

## 二、核能开发风险规制有助于发挥民主的价值

在核能开发过程中，实施风险规制有着其他核能开发规制措施所不具备或者较少具备的功能。这些功能对于实现核安全具有重要的作用和价值。

### （一）满足公众知情权

在核能开发过程中，相应的核能开发行为蕴含了高科技信息以及其他较为丰富的信息，而这些信息目前主要被掌握在核能开发主体手中。虽然当前我国关于放射性污染防治以及核安全方面的法律法规及其他规范性法律文件要求相应核能开发主体需要按照法律规定将相应的信息按照法律程序报送给相应的核安全监督主管部门，但是在现实中，在相应核能开发主体报送信息的过程中，相应的信息是集中的科学信息，如果不具备相应的科学技术知识将会无法有效地了解相应的信息内容。因此，在风险规制过程中，需要对相应的风险信息进行评估，即主要针对实现核安全的行为所产生信息进行风险评估，评估其产生的背景、适用条件以及可能产生的后果等内容，从而更好地掌握相应的信息。当风险评估完成后，将开展风险决策的活动，在这个环节中，公众以及社会团体、政府主管部门也将参与到相应的决策活动中，在这个过程中，借助风险沟通、信息公开等行为的实施，特别是就那些具有高度科学知识背景的信息向公众以及社会团体进行有效的解释与说明，将有助于公众更好地掌握和了解相应的信息内容，

从而提高风险决策结果的可接受性。因此，从这个角度来讲，核能开发风险规制活动的实施将满足公众知情权。此外，基于风险评估活动，在充分、有效地开展风险沟通的基础上，相应的公众有机会接触到更为全面的核能开发方面的信息，并在此基础上满足自己的知情权，而对于由科学技术知识掌握程度所造成的难以理解相应科学技术所隐含的内容问题，也无须过度担心。因为风险沟通以及风险决策活动的开展将有助于使公众更好地了解这些信息，从而有助于满足公众的知情权。

（二）促进公众参与

在核能开发风险规制活动中，风险规制行为的实施是基于风险规制特殊性的要求，需要公众有效地参与到风险规制过程中，并积极地发表自身关于相应行为的观点、建议和意见，从而更好地提升相应风险决策结果的科学性与民主性。按照风险规制的要求，尤其是在风险沟通以及风险决策环节中，需要鼓励生活、生产活动处于核设施附近的公众参与到相应的活动中，借助自身行为的实施，更好地推动公众参与的多样化、有效化。此种情形将能够有效地促进公众参与。因此，风险规制活动的实施将有助于推动公众参与目标的实现。公众生活或者工作于核能开发利用设施附近，其对于当地的自然环境、生态环境较为了解，掌握了一些外来的核能开发主体可能尚未掌握的信息，而这些信息在核能开发的风险规制过程中恰恰占有重要的分量。在此环节，欲了解全面的信息，需要公众积极主动地向相应核能开发主体以及其他相关主体申请，从而促使相应的风险决策主体更好地掌握相应的信息。在这个过程中发挥作用的是公众。此外，在风险决策环节中，为了更好地实现风险决策的民主性、科学性目标，需要邀请并保障公众能够有效地参与到相应的活动中，充分发挥公众参与的作用。在风险规制中，公众参与将起到重要的作用。应通过使公众参与相关的决策发挥民主参与的作用，从而实现民主协商的作用。

（三）协调科学与民主的作用

核能的开发与利用，需要投入巨额的科学技术以及人力、物力。在核能开发过程中，核安全既是核能开发的目标，也是推动核能有效开发与发展的重要力量。在核能开发过程中，科学对于核能开发以及核安全目标的实现具有至关重要的作用。在一定程度上，科学技术水准的实际现状直接关系到核能开发利用的安全性以及有效性问题。为了推动核能的开发与利用，强化核能开发的安全，需要投入大量的科学技术。因此，可以说，科学对于核能开发具有至关重要的作用。此外，核能开发风险规制主要发生在风险评估环节，而风险评估活动的实施则需要借助科学技术来实现。借助科学技术手段对核能开发行为展开风险评估，有利于我们更好地掌握相应的风险信息，通过前置性的安全保障措施来保障风险决策目标以及核安全目标的实现。核能开发行为关系到多个主体的合法利益，需要协调多个主体之间的合法权益。为了满足公众知情权以及履行法律规定的职责与义务，我们需要鼓励公众参与到相应的活动之中。同时，为了克服公众对核能开发所产生的恐惧感，也需要借助风险规制，吸引公众参与到相应的活动之中，从而既发挥公众所掌握的信息优势，同时也能够借助风险沟通、风险决策活动的实施推动相应公众对自身合法权益的维护。因此，可以说，公众在这个过程中具有重要的作用。

公众未能掌握充分、有效的信息以及科学技术知识，无法全面、有效地了解核能开发过程中的科学技术问题，便会对核能开发利用产生莫名的恐惧。公众对新技术的担心通常来源于对新技术的不熟悉和对不可感知力量的危机感。现代历史已经表明，缺少对技术进步相关的健康影响的了解可能不是社会反对创新的唯一原因。忽视风险感受的不同（在科学家、政府、工业和社会之间的沟通中，没有充分反映出这些不同）也是原因之一。[1]与此同时，科学家、专家也会对基于科学技术手段作出的风险评估以及风险决策却因公众表现出来的不理解、不支持甚至是反对而导致相应行为无法开展，相应活动无法实施表示不理解。在这个环节中，公众与科学家存在着不同的认知。科学家认为公众不掌握相应的信息却盲目地阻止核能开发，而公众则认为科学家所提供的手段无法满足安全的现实需要，从而拒绝接受相应的风险评估结果以及最终的风险决策结果。因此，科学家与公众之间存在着误解，这种情形的存在不利于核能开发。基于此，我国应借助风险规制活动的开展，在科学家与公众之间搭建一个沟通平台，在这个平台上，让科学家与公众直接面对面地就各自所疑虑的问题以及其

---

〔1〕　世界卫生组织：《WHO 关于电磁场风险沟通的建议：建立有关电磁场风险的对话》，杨新村等译，中国电力出版社 2009 年版，第 9 页。

他相关问题进行开放式的沟通与交流，从而促使双方更好地理解核能开发行为所产生的各种问题。借助于风险规制，协调科学家与公众的认知以及二者在核能开发中的作用。

与此同时，随着风险社会的到来，现有的许多法律制度的目标均在于保护权利和预期的安全，以使它们免于受到各种强力的侵扰。[1]在环境法发展过程中，当前新时期的环境法的存在目的已经不再是单纯的配合传统财产法以实现社会价值和个人财富的保值与增值，而是要借助预设的法律规制手段，尽可能降低各种社会风险，从而最终提升人类社会乃至整个生态系统的安全性。[2]为应对这种问题，需要通过风险规制来协调发挥科学与民主的作用。

在核能开发的风险规制过程中，需要维护那些生产、生活于核能开发所处地区周边人群的合法权益，需要了解其对于特定活动的观点。而根据风险规制的要求，我们需要掌握相应的风险信息，这就需要鼓励公众参与到相关活动之中。而风险规制活动恰恰可以发挥民主的价值，以保障公众权益得到有效的维护。

## 本章小结

在本章中，我们首先分析了风险规制的定义、特征、内容以及作用。其次，我们针对核能开发开展风险规制的必要性进行了讨论。主要内容为：风险规制是弥补传统规制手段不足的重要方式，风险规制是应对核能开发特殊性风险的重要措施，风险规制是科学应对公众"核恐惧"的重要方式。最后，通过分析我们发现，风险规制对于在核能开发过程中推动正义价值及民主价值的实现具有重要的作用。借助对风险规制的介绍，我们掌握了核能开发过程风险规制的必要性、正当性。这些因素对于推动我国核能开发风险规制具有重要的意义。

---

〔1〕 〔美〕E. 博登海默：《法理学——法律哲学与法律方法》，邓正来译，中国政法大学出版社 2004 年版，第 258 页。

〔2〕 李拥军、郑智航："中国环境法治的理念更新与实践转向——以从工业社会向风险社会转型为视角"，载《学习与探索》2010 年第 2 期，第 108 页。

第四章

# 我国核能开发实行风险规制的可行性

## 第一节　我国核能开发风险规制的现实基础

当前，在部分领域中（如食品安全领域），我国已经开始尝试将风险评估制度或者是风险分析引入相关法律体系，在法律规定中引入相应的风险评估规定，同时在法律执行过程中加以应用。总结相应法律规定的内容以及具体的执行情况可为我国核能开发风险规制提供有效的参考。此外，分析《放射性污染防治法》以及有关的法律规定，对于规定与完善核能开发中的风险规制具有重要的意义。

于 2016 年开始向社会公开征求意见的《核安全法（草案一审稿）》规定了"核设施选址安全要求和批准"等方面的内容。[1] 于 2017 年 5 月开始向社会公众公开征求意见的《核安全法（草案二审稿）》也规定了"核设施选址安全要求和批准"等方面的内容。[2] 我们可以发现，这两个条文的规定在内容表述上存在着差异。于 2017 年 5 月进行公开征求意见的《核安全法（草案二审稿）》对相应的"遵循调查、评估和审核程序"以及"经由国务院环境保护主管部门审查符合核安全要求后"等字样进行了删除。虽然删除了"遵循调查、评估和审核程序"，但在现实操作中依然

---

〔1〕　第 22 条规定："核设施营运单位应当在遵循调查、评估和审核程序，对地质、地震、气象、水文和人口分布等进行科学评估，满足核安全技术评价要求的前提下，向国务院核安全监督管理部门提交核设施选址安全分析报告，经由国务院核安全监督管理部门审查符合核安全要求后，发放核设施场址选择审查意见书。"

〔2〕　第 22 条规定："核设施营运单位应当对地质、地震、气象、水文和人口分布等因素进行科学评估，在满足核安全技术评价要求的前提下，向国务院核安全监督管理部门提交核设施选址安全分析报告，经审查符合核安全要求后，取得核设施场址选择审查意见书。"

是由相应的主体按照法律规定的程序开展相应的评估，这在一定程度上能够满足相应活动开展的法律需要。

《核安全法（草案一审稿）》规定了相应的科学评估方面的内容。首先，规定了科学评估的程序。相应科学评估的程序主要包括调查、评估和审核程序。在这些评估程序中，应针对相应评估对象进行调查，在充分收集相应资料的基础上，对有关的数据依照核电厂选址标准等相关技术标准进行评估，剔除那些不符合选址要求的备选项；将那些符合选址要求的备选核电站选址按照相关法律程序向核能开发主管部门进行申报，并由相应的核能开发主管部门按照法律规定程序进行审核。其次，规定了科学评估的对象。核能选址的科学评估对象为地质、地震、气象、水文和人口分布。在核设施选址过程中，这些都是直接关系到选址安全的重要因素。在2011年的日本福岛核泄漏事故中，诱发原因是选址安全——主要是由于相应的核设施选址位于环太平洋地震带上，地震引发的海啸淹没了相应的核设施，导致场内电力供应中断，核燃料冷却系统无法进行及时冷却导致氢气浓度过高并发生爆炸，结果导致核辐射被大量排放，造成了严重的放射性污染。因此，选址安全对于核设施的建设等后续环节具有重要的影响，相关主体需要结合相应的选址技术标准对这些因素进行筛选与评估。再次，开展科学评估的主体是核设施运营单位。核设施运营单位作为科学评估的主体具有其自身的优势：①技术优势。核设施运营单位具有较为强有力的技术能力与优势，我国核设施运营单位尤其是三大核电开发公司——中核集团、中电投集团、中广核集团——均成立了自己的技术研究单位，在选址方面具有深厚的技术储备。此外，我国其他相关从事核能开发与核安全研究的研究单位在选址方面也拥有着巨大的技术优势。②人员优势。在核设施选址过程中，由相应的核设施运营单位组织的科学评估主体由多领域的专业技术力量组成，在开展科学评估活动过程中具有相应的人员优势。按照相应的选址技术标准，核设施运营单位在选址过程中需要召集包括核物理、化学、地震、环境保护以及人文社会科学等多个专业领域的专家学者组成评估主体来开展相应的风险评估活动，并由其作出相应的科学评估报告。③资金优势。从核能开发角度来讲，实施相应的核能开发行为需要投入巨额的资金与海量的技术。而相应的核设施运营主体在这方面拥有其他主体所难以获得的优势——资金优势。由于在选址过程中，针对地质、地震、气象、水文等科学要素需要开展相应的科学信息收集工作，而这需要开展相应的科学调查与研究，这些活动的开展需要强有力的资金支持，因此应当由相应的核设施运营单位作为评估主体。复次，规定了科学评估的审批部门。根据相关的规定，两个条文均将国务院核安全监督管理部门作为科学评估报告的审批部门。在我国，国务院核安全监督管理部门负责我国国内的核安全监督管理活动，其本身具有强有力的监督管理力量以及相应的监督管理主体、监督管理手段。作为相应的监督管理部门，如果涉及核设施的安全因素，特别是核设施的选址安全，便需要由国务院核安全监督管理部门负责。因此，国务院核安全监督管理部门是相应的科学评估的审批主体。最后，规定了科学评估的最终结果。国务院核安全监督管理部门按照相关的技术标准要求以及程序对核设施运营单位所提交的核设施选址安全分析报告进行深入的分析与评估。对于符合选址安全要求的核设施选址安全分析报告，由国务院核安全监督管理部门发放核设施场址选择审查意见书；对于那些未能完全满足选址安全要求的核设施选址安全分析报告，则否定其核设施选址的请求，不予颁发相应的审查意见书。《核安全法（草案）》针对核设施选址的安全性问题，规定了开展科学评估的主体、对象、程序以及结果等内容。

通过对《核安全法（草案）》中核设施选址安全要求和批准方面的规定的研究，我们发现，该草案虽然只通过一个条文对在核设施选址过程中开展科学评估并由国务院环境保护主管部门审核核设施运营主体所提交的核设施选址安全分析报告进行了规定，但是在内容和效果上却具有较高的指导意义和价值。这是因为该草案规定了科学评估的主体、对象、内容及程序，为规范核设施选址提供了重要的法律支撑。

2017 年，我国《核安全法》正式颁布并于 2018 年 1 月 1 日起开始正式实施。《核安全法》的颁布与实施，标志着我国核能开发利用（特别是核安全目标的实现）有专门的法律来提供相应的法律保障。该法律的颁布对推动我国核安全目标的实现具有重要的现实意义。《核安全法》规定的保障核安全的措施主要包括以下几个方面：第一，明确了《核安全法》的基本目标。在相关条文中明确将"保障核安全，预防与应对核事故，安全利用核能，保护公众和从业人员的安全与健康，保护生态环境，促进经济社会可持续发展"作为《核安全法》的整体目标。[1]从条文内容规定的情况来看，《核安全法》将"保障核安全、预防与应对核事故及安全利用核能"作为相关法律规定的首要目标，而将"促进经济社会可持续发展"放置在立法目标的靠后部位。从这两者的排列顺序来看，《核安全法》以实现核安全为首要目标，在核安全的基础上实现经济社会可持续发展的目标。该条文的规定有助于推动核能开发过程中安全目标的进一步实现。第二，明确了从事核安全工作的基本原则。其直接明确了核安全工作"必须坚持安全第一、预防为主、责任明确、严格管理、纵深防御、独立监管、全面保障的原则"。[2]该基本原则将"安全第一、预防为主"作为首要内容。从内容及要求来看，其是我国核能开发利用工作必须要实现的任务之一，同时也明确了"全面保障的原则"，即要求针对核能开发利用行为进行全过程、各环节全部监督管理和安全保障的基本要求。第三，明确规定了《核安全法》所规制的具体物件。在《核安全法》中明确规定了"对核设施、核材料及相关放射性废物采取充分的预防、保护、缓解和监管等安全措施，防止由于技术原因、人为原因或者自然灾害造成核事故，最大限度减轻核事故情况下的放射性后果的活动，适用本法"。[3]从规定的内容来看，其主要涵盖了当前我国在核能开发利用过程中的主要环节以及相关的活动。因此，《核安全法》规制的对象较为全面地涵盖了核能开发利用活动以及其他相关活动。第四，《核安全法》规定了相应的法律制度，

---

〔1〕《核安全法》第1条规定："为了保障核安全，预防与应对核事故，安全利用核能，保护公众和从业人员的安全与健康，保护生态环境，促进经济社会可持续发展，制定本法。"

〔2〕《核安全法》第4条规定："从事核事业必须遵循确保安全的方针。核安全工作必须坚持安全第一、预防为主、责任明确、严格管理、纵深防御、独立监管、全面保障的原则。"

〔3〕《核安全法》第2条规定："在中华人民共和国领域及管辖的其他海域内，对核设施、核材料及相关放射性废物采取充分的预防、保护、缓解和监管等安全措施，防止由于技术原因、人为原因或者自然灾害造成核事故，最大限度减轻核事故情况下的放射性后果的活动，适用本法。核设施，是指：（一）核电厂、核热电厂、核供汽供热厂等核动力厂及装置；（二）核动力厂以外的研究堆、实验堆、临界装置等其他反应堆；（三）核燃料生产、加工、贮存和后处理设施等核燃料循环设施；（四）放射性废物的处理、贮存、处置设施。核材料，是指：（一）铀-235材料及其制品；（二）铀-233材料及其制品；（三）钚-239材料及其制品；（四）法律、行政法规规定的其他需要管制的核材料。放射性废物，是指核设施运行、退役产生的，含有放射性核素或者被放射性核素污染，其浓度或者比活度大于国家确定的清洁解控水平，预期不再使用的废弃物。"

如许可制度、[1]报告制度、标准制度等。目前，我国在核能开发过程中实施严格的许可制度，从选址、建设、试运行、运行到退役及乏燃料储运、运输及处理的各个环节都需要遵循严格的报告审批以及许可程序，以期借助核能开发利用各个环节的严格许可制度[2]来推动我国核能开发利用安全目标的实现。

与此同时，在我国核能开发利用的过程中，应用得最为广泛的法律制度是许可制度。此外，为了保障相应核安全目标的实现，我国专门就核设施运行安全设立了相应的科学评估要求。[3]从相关条文的规定来看，科学评估的对象主要是针对"地质、地震、气象、水文、环境和人口分布等因素"。在这个过程中，首先，评估主体是核设施营运单位，由其对核能开发利用所需要考虑的基本地质、安全等要素按照相应的规范要求开展评估。其次，在评估的基础上，如果能够确定相应的拟选址区域符合规范要求，便应按照相应的行政许可要求向国务院核安全监督管理部门进行报告，提交核设施选址安全分析报告并请求批准。最后，国务院核安全监督管理部门在受理核设施安全分析报告的基础上，要对该报告组织进行相应的技术审查，符合相关技术要求的，由相关部门颁发核设施场址选择审查意见书。此时，还需要特别注意的是，在后续的核设施建造前、核设施首次装投料前、核设施退役前都需要提交相应的安全分析报告、[4]环境影响评价文件。核安全监督管理部门通过履行《核安全法》中相应的许可制度以及审批制度来进一步落实核安全目标。同时，从实施效果来看，相应的

---

〔1〕《核安全法》第22条规定："国家建立核设施安全许可制度。核设施营运单位进行核设施选址、建造、运行、退役等活动，应当向国务院核安全监督管理部门申请许可。核设施营运单位要求变更许可文件规定条件的，应当报国务院核安全监督管理部门批准。"

〔2〕相应的例子如："关于颁发田湾核电站5号机组运行许可证的通知"，载 http://www.mee.gov.cn/xxgk2018/xxgk/xxgk09/202007/t20200710_ 788690. html，最后访问时间：2020年8月10日。

〔3〕《核安全法》第23条规定："核设施营运单位应当对地质、地震、气象、水文、环境和人口分布等因素进行科学评估，在满足核安全技术评价要求的前提下，向国务院核安全监督管理部门提交核设施选址安全分析报告，经审查符合核安全要求后，取得核设施场址选择审查意见书。"

〔4〕《核安全法》第25条第（二）项将"初步安全分析报告"作为核设施运营单位申请建造许可证的必备文件之一；第27条第1款第（二）项将"最终安全分析报告"作为核设施运营单位申请装料许可的必备文件之一；第30条第1款第（二）项将"安全分析报告"作为核设施运营单位申请核设施退役许可的必备文件之一。

活动中也包括落实《核安全法》原则中的"预防原则"的具体措施。我国的核安全监管实行许可证管理。依据许可方可进行涉及安全的各项相关活动。监管从选址开始，贯穿选址、设计、建造、调试、运行、退役和废物处理等核电厂全寿期的各个环节。原则上，每一个环节都要单独报批。国家监管部门应对核能开发项目实施全过程、全方位控制。[1]随着核设施选址、设计建造、首次装投料、运行、退役的流程逐步向前推进，可能诱发核事故的因素也会逐渐产生，核安全风险从潜在可能发生的风险逐渐转变为现实风险，核设施安全管理也应当逐步加重核设施运营单位的安全义务。[2]

随着江西彭泽核电选址项目中止、2013年7月广东江门鹤山核燃料项目被取消、2016年8月连云港核燃料循环项目搁浅，我国核设施运营单位开始逐渐注意到不能仅靠原有的信息公开、核安全教育等活动来满足公众对核能开发利用及核设施建设的知情需求，而是需要开展更为行之有效的信息公开活动。对此，中国核电公司开始定期开展核电厂对外开放日、核电科普等活动。此外，中国核电公司还通过官方网站、新闻发布会、媒体报道等多种渠道及时向社会公开发布最新发展和重大事件，保障公众知情权。2019年4月26日，中国核电公司公开发布2018年企业社会责任报告及2018年环境、社会及公司治理（ESG）报告。这是中国核电公司发布的第七份社会责任报告和第一份环境、社会及公司治理报告。同时，2019年版的企业社会责任报告亦已发布。中国核电公司在逐步强化公众沟通并重视小区沟通与支持，通过精准识别沟通对象、畅通小区的沟通渠道、公开新建项目信息等措施来落实信息公开及公众沟通活动。[3]

从上述中国核电公司发布的社会责任报告的内容来看，其已经开始注重公众沟通，开始采取相关沟通措施来促使有关地区的公众能够了解和掌握相应的新建项目信息以及其他有关信息。这种措施在一定程度上有助于

---

〔1〕 中国电力发展促进会核能分会编著：《百问核电》，中国电力出版社2016年版，第80页。

〔2〕 汪劲、张钰羚："《核安全法》实施的重点与难点问题解析"，载《环境保护》2018年第12期，第23页。

〔3〕 "2019年中国核能电力股份有限公司社会责任报告"，载中国核能电力股份有限公司：https://www.cnnp.com.cn/module/download/downfile.jsp？classid=0&filename=c40463f25ecf419cbead23ae8c794dbf.pdf，最后访问时间：2020年8月10日。

当地公众及时、有效地掌握特定的核能开发建设项目信息，具有一定的积极效果，但对于就核风险问题与公众沟通的效果如何还有待进一步分析。

## 第二节　外国核能开发风险规制的经验与借鉴

### 一、外国核能开发风险规制的经验

外国核能开发利用的历史早于我国，相应的国家在开发利用核能方面逐步积累了较为丰富的经验。为了更好地规制核能开发过程中可能出现的各种技术行为，各国制定了一系列法律、法规以及技术标准。

（一）美国核能开发的风险规制

美国作为世界上最大的核能利用国，其在核能发展历史上也积累了很多经验与教训。截至 2011 年，美国共有 104 座正在经营的核电机组，[1]占全美国电力供应的 20.3%。[2]美国拥有世界上最大的核能开发利用规模，在核能利用方面也拥有大量的法律、法规以及包括技术标准在内的规范性法律文件。这些法律文件主要包括：1946 年的《原子能法》，目的是监管和控制原子能的军事用途；1954 年的《原子能法》，目的是鼓励原子能商业化开发，并终止了政府对原子能技术的垄断，私人可以基于原子能署的许可而拥有反应堆；1955 年的《发电用核反应堆示范计划》，目的是通过竞争的方式由私人企业和政府一起试验 5 种不同的核反应堆技术。此外，为了应对核废料的产生与处理，美国还于 1982 年出台了《核废料政策法》，并于 1987 年对该法进行了修订。[3]最近，美国部分核电站开始逐渐大修与退役，截至 2019 年 4 月，美国 30 个州共有 60 个正在商业运行的核电站和 98 个核反应堆。

此外，为了实现核安全的目标，美国不仅创立了核安全监督主管部

---

〔1〕　U. S, "Energy Information Administration：Annual Energy Review（2011）", http：//www. eia. gov.

〔2〕　"Nuclear Energy：Key Tables Form OECD", http：//www. Oecd-ilibrary, org/ nuclear-energy/ nuclear-energy-key-tables-from-oecd_ 20758413.

〔3〕　杜群等：《能源政策与法律——国别和制度比较》，武汉大学出版社 2014 年版，第 123 页。

门，同时也赋予了监督主管部门一些权力。美国原子能管理委员会
（NRC）是美国的核安全监管机构。其负责对美国境内的民用核设施、核
材料实施独立的核安全监督管理，以保护工作人员、公众的健康和安全，
保护环境，确保国家安全。[1]NRC 由总部和 4 个地区监督站组成，总部在
华盛顿。设有 2 个咨询委员会：核安全咨询委员会和核废物咨询委员会。
联邦环保署、美国交通部、内华达州项目管理局和核电运营协会是美国主
要的核安全管理机构，而联邦环保署和核管会则是主角。联邦环保署提供
了一个可接受的保护社会公众健康与环境的"安全标准的建议"；美国交
通部负责核废料运输，核管会主要负责新建电厂的许可证审批以及核工业
的日常检查工作。[2]美国核能规制机关在界定"安全"时经历了从"技
术可靠"到"风险可接受"的理念转变。这种转变的背后体现了规制机关
对安全和发展目标的权衡。[3]

　　1975 年，美国原子能委员会制定了《信息风险评估办法》，1995 年对
其进行了修改，用以发现在核能开发过程中可能存在的风险因素，并有针
对性地采取应对措施。此外，在《信息风险评估办法》中确立了相应的信
息风险评估框架，同时也成立了相应的风险评估专家组。其主要任务在
于：对公众健康进行恰当的保护，促进公共防御与安全、保护环境。其目
标在于：通过适当的规制与监管措施对核燃料使用的副产品、核资源、特
殊核材料在应用过程中产生的风险进行管理。风险管理的目标在于：提供
风险信息以及深度防护的措施，以便基于危害预防以及相关不确定性等原
因提供适当的防御、控制以及人员安排以预防、控制、转移放射性物质的
暴露；对由人类失误以及其他原因导致障碍、风险进行有效应对。信息风
险评估框架主要包括：确认问题—确认选择项—分析—商讨—执行决定—
监督。美国国土安全部对风险管理的定义为："风险管理是识别、分析和
沟通风险的过程、接受、避免、转移或控制风险达到可接受的程度，考虑

──────────

　　〔1〕 杨月巧、王挺、王玉梅："国外核安全监管探讨"，载《防灾科技学院学报》2010 年第
2 期，第 74 页。

　　〔2〕 刘庆、沈海滨："美国核安全管理模式的发展及特点"，载《世界环境》2014 年第 3 期，
第 39 页。

　　〔3〕 胡帮达："安全和发展之间：核能法律规制的美国经验及其启示"，载《中外法学》2018
年第 1 期，第 213 页。

到任何相关成本和利益所采取的行动。"[1]NRC 于 2000 年颁布《核副产品材料系统监管选择的风险分析与评估》（Risk Analysis and Evaluation of Regulatory Options for Nuclear Byproduct Materials Systems）。风险评估的作用为：风险评估为潜在的暴露场景提供了宝贵而现实的见解。结合其他技术分析，风险评估可以为适当的深度防御措施决策提供信息。[2]NRC 委托研究针对核材料副产品系统的风险信息监管方案的研究结果被发表在《核副产品物料系统监管选择的风险分析与评估》上。[3]目前，NRC 在积极考虑推行风险信息的安全管理。所谓考虑风险信息的安全管理，指的是在安全管理中明确考虑管理与运行活动对电站风险水平的影响，例如对堆芯损坏频率进行定量的评价。需要强调的是，在考虑风险信息的安全管理实践中，风险只是安全管理决策中需要考虑的诸多因素中的一个，并不是唯一的指标。这种管理方法的一个突出特点是：在条件允许的情况下，就安全管理与电站运行活动对电站安全水平可能带来的变化进行定量化的评估。[4]

与此同时，美国针对核能开发利用也开展了相应的概率风险应对。概率风险评估（PRA）在 20 世纪 70 年代初被首次应用于核动力堆，该评估是在实质上所有操作的设计被固定之后进行的。NRC 由此认识到了风险评估方式的特殊优势和其在补充传统的、确定的方法方面的作用。美国核管理委员会（NRC）关于概率风险评估（PRA）的政策声明鼓励更多地利用这种分析技术来改善安全决策的质量并提高监管效率。[5]概率风险评估（PRA）首先被应用于早期 A 模型，用以评估这些危害的发生频率，不成

〔1〕 "A Proposed Risk Management Regulatory Framework"，https://www.nrc.gov/docs/ML1210/ML12109A277.pdf，2012，pp. 2~3.

〔2〕 "A Proposed Risk Management Regulatory Framework"，https://www.nrc.gov/docs/ML1210/ML12109A277.pdf，2012，pp. 2~6.

〔3〕 Schmidt ER et al.，"Risk Analysis and Evaluationof Regulatory Options for Nuclear Byproduct Material Systems"，USNRC NUREG/CR-6642. 2000；Vol. 1；2（8~12）.

〔4〕 曲静原、张作义："目前核能发展与安全管理所遇到的若干挑战"，载《核动力工程》2001 年第 6 期，第 560 页。

〔5〕 这些活动涉及对工厂的设计、操作或其他需要 NRC 批准的活动的修改。这些修改可能包括诸如 10 CFR 50. 11 之下的豁免请求和 10 以下的许可修改等项目 CFR 50. 90。Title 10 of the *Code of Federal Regulations*（10 CFR）Sections 50. 90.

功响应（相关设计或操作失败）的可能性以及响应不成功的后果。这些频率和概率可以定量估计。事故序列和系统、结构和组件（SSCs）被根据对风险的贡献排名。通过事故序列和 SSCs 的排名进行风险管理，从而将资源集中在真正重要的风险上。[1]风险评估或环境影响声明是美国和其他国家/地区用以续签许可决策以及设定监管标准和执行机制的主要工具。[2]

同时，针对风险管理，美国原子能管理委员会制定了核监管公众参与手册，其中详细介绍了公众参与核监管的各种方式，而对于有关信息，公众可以通过核管理委员会公共文件室、地方图书馆、报纸、互联网等渠道获得。[3]

此外，在核能开发风险沟通方面，美国也积累了丰富的经验。在美国，承担核应急风险沟通任务的是美国原子能委员会下属的风险沟通委员会，其法律职责包括：一方面，负责在核应急过程中对相关风险沟通的内容、主体、程序等内容进行研究；另一方面，开展相关的互动，配合联邦、州等政府，与那些行政辖区范围内拥有核能开发设施的地方政府开展相应的风险沟通，以促使有关政府及部门、核能开发机构有效地开展相应的风险沟通活动。保障有关地区居民能够及时、全面地了解和掌握有关核应急的各项信息。尽管公众对核电的接受仍然是一个问题，但与现有核电站在技术、安全和经济方面的良好表现已经使得美国的公众舆论对这种技术越来越有利。[4]

风险沟通委员会承担了由美国原子能委员会赋予的风险沟通职能，在这个过程中，相关的机构既要开展相应的风险沟通研究（美国已有长期的关于风险沟通方面的研究，这些研究往往是从经济学、新闻学、法学、社会学、心理学等多学科开展相关活动的），在针对核应急具体问题进行相应的研究时既要注意吸纳其他已有的关于风险沟通的研究成果中的有益成

---

〔1〕 U. S. Nuclear Regulatory Commission, "Reactor Safety Study—An Assessment of Accident Risks in U. S. Commercial Nuclear Power Plants", NUREG–75–014（WASH–1400）, October, 1975.

〔2〕 Taebi Behnam, Roeser Sabine, *The Ethics of Nuclear Energy: Risk, Justice and Democracy in the Post-Fukushima Era*, Cambridge University Press, Cambridge, 2015, p. 278.

〔3〕 陈润羊：“公众参与机制推动核安全文化走向成熟”，载《环境保护》2013 年第 5 期，第 51 页。

〔4〕 Nuclear Energy Agency, *Nuclear Development Risks and Benefits of Nuclear Energy*, OECD Publishing, 2007, p. 9.

分，以进一步推动应急方面的风险沟通制度研究的深入，从而更好地推动相关活动的开展，同时也要针对核应急的现实要求开展相关的活动。这是因为核事故的发生以及对周边环境及人群的生命、健康、财产安全产生影响的方式与转基因、危险化学品等其他可能产生风险问题的方式、途径与措施存在着区别，虽然在开展相关风险沟通过程中对于开展风险沟通的方式、途径等内容可能存在可以借鉴的部分，但是依然要具体考虑核能开发以及核应急的具体现状。

在美国核应急风险沟通制度建设及运行过程中，路线图是相关制度建设的重要内容之一。根据相关内容，路线图一般包括由谁来开展相关的信息公开、公众参与、如何搜集与分析公众收集核风险相关信息的措施及途径等要素。路线图贯穿核应急的整个过程。为了更好地考察美国核应急法律制度中的风险沟通制度，我们需要针对其具体内容进行研究，特别是路线图制度。

在美国，路线图模式的使用对于在公众、媒体以及其他利益相关者之间成功地实现放射性风险信息共享具有关键性的作用。对于那些居住地离核电厂较近的居民来说，信息发展对于实现核应急问题具有关键性的意义。信息路线图在美国的公众和私人团体机构方面得到了应用。它同时也是组织复杂信息以及更容易地表达当前知识的风险沟通工具。信息路线图是一项基于科学的信息发展程序，它可以促使用户针对可能由利益相关者（利益者、受影响的或受影响的组织）提出的问题进行组织；决定哪些问题是需要他们回答的，以及哪些问题应当被回答；以一种清晰、简洁和可获得的形式回复利益相关者的问题；在组织内外部就信息促进相关对话；为发言人提供一种适合信息使用者的且经过审查的信息；确保相关机构已经拥有系统性的信息；确保机构以一种声音发言或实现许多声音间的和谐发言。信息路线图是一种基于科学的风险沟通工具，其可以快速而准确地传递有关紧急事项的相关信息。在发生紧急状况或危机时，信息路线图被应急单位所广泛接受，并被作为前提准备，以应对可能由利益群体或受影响单位提出的各项问题。近年来，大量的政府机构与私人组织均已经赞助成立信息小组，并针对不同的风险与紧急状态类型采取相应的活动。在联邦层面，这些机构有美国能源局、美国健康与人力资源部、美国国防部、美国国家健康局、美国食品药品监督管理局、美国农业部、美国环保总署、美国疾病控制与预防中心。有效的风险沟通在核应急过程中是至关重要的。例如，在正常情况下，复杂的基础设施以及机制保护着国家核电站，使得其并未受到关注。在一次核应急的中期，冷却剂的损失或者相当剂量的放射性物质排放将会受到严格控制。在核应急前、中、后期，有效的风险沟通的首要目标在于：建立、强化或修复信任；教育和告知人们风险；在应急过程中建立或创造对话以便采取恰当的措施；提高公众对紧急问题的计划的认识；在一项紧急状态开始前、中期及结束后传播人类所应该采取行动的教育性信息；鼓励人们在应急过程中期及后期采取有效的措施。[1]有效的沟通是灾害准备和响应的关键，这其中也包括核事件。虽然在过去十年里这一领域取得了进展，但与各利益攸关方沟通的最有效方式仍然存在差距：满足第一响应者和特定医疗保健的利益攸关方信息需求，解决响应者的恐惧问题，以及解决包括儿童在内的弱势群体的信息需求。有效沟通是决定灾害或紧急情况如何展开的最重要因素之一。及时、可靠、易于理解的信息可以减少伤害和疾病；可以防止心理和行为影响；有助于维护公众的信任；促进恢复。[2]相关方需要学习的第一组课程是如何制作更有效的信息。哪些信息最好包含在邮件中，哪些信息最好包含在链接内容中?[3]在发展沟通方面，组织必须既有对特定危险的技术理解（如与核事故有关的理解），又有对公众如何吸收和应对特定信息的成熟认识。具有不同医疗保健系统观点的小组成员继续探索核事件造成的通信、教育和信息挑战、这些挑战对能力建设的影响，以及解决这些问题的机会和方法。[4]在更雄心勃勃的目标上，委员会可以通过在传统场所以及更广泛的

---

〔1〕 National Academies of Sciences, Engineering, and Medicine, *Exploring Medical and Public Health Preparedness for a Nuclear Incident*: *Proceedings of a Workshop*, Washington, DC: The National Academies Press, 2019, p. 61.

〔2〕 National Academies of Sciences, Engineering, and Medicine, *Exploring Medical and Public Health Preparedness for a Nuclear Incident*: *Proceedings of a Workshop*, Washington, DC: The National Academies Press, 2019, p. 63.

〔3〕 National Academies of Sciences, Engineering, and Medicine, *Exploring Medical and Public Health Preparedness for a Nuclear Incident*: *Proceedings of a Workshop*, Washington, DC: The National Academies Press, 2019, p. 73.

〔4〕 National Academies of Sciences, Engineering, and Medicine, *Exploring Medical and Public Health Preparedness for a Nuclear Incident*: *Proceedings of a Workshop*, Washington, DC: The National Academies Press, 2019, p. 75.

范围内（尤其是在适当规范及其实施问题上）进行公众审议，促使公众更广泛地参与核决策。[1]美国核监管委员会以概率风险论为基础，将核安全目标定位为"可接受的风险水平"，使得核安全规制摆脱了单纯技术规制的窠臼，而更多地回应核能风险的社会接受性问题。[2]

（二）俄罗斯核能开发的风险规制

俄罗斯是世界上最早实现将核能作为能源加以利用的国家，其继承了苏联核能发展的大部分核能开发利用成果。此外，位于乌克兰境内的苏联切尔诺贝利核泄漏事故的发生也促使俄罗斯强化对核安全的监督管理。俄罗斯在其核能发展历史中积累了很多的经验与教训。目前，俄罗斯有 10 个核电站，运行的核电机组共有 33 台，总装机容量 25.242 吉瓦，核能发电量占其全国电力供应的 17.59%。在役堆型主要有：压力管式石墨慢化沸水堆（RBMR）、VVER-440 型和 VVER-1000 型压水堆、BN-600 原型快堆、小功率的 EGP-6 型核电机组。在建机组 13 台，主要是 VVER1000P1200 型机组、BN-800 型机组、小型海上浮动核电站用 KLT-40S 型机组。[3]俄罗斯宣布到 2020 年其国内的核能利用比例将会被提高到 20%。在这种情况下，在保证核能利用安全的基础上，俄罗斯将大幅度提高核能利用比例。同时，俄罗斯在核能利用方面也拥有着大量的法律、法规以及包括技术标准在内的规范性法律文件。这些法律文件主要包括：

法律：《宪法》，俄罗斯批准的国际性法律文件，政府总统规章法令，技术规则以及 ROSTECHNADZOR 的规范性文件，原子能利用领域的联邦规范和规则、管理条例、指导性文件、建议性文件、安全导则（章程），国家标准、企业标准。

核能利用领域的基本法律：1995 年联邦法律《关于使用原子能》；1996 年联邦法律《人口辐射》；1999 年联邦法律《关于卫生和人口的流行病学福利》；2002 年联邦法律《关于环境保护》；1995 年联邦法律《论环

---

〔1〕　D. Oughton, S. O. Hansson, "Social and Ethical Aspects of Radiation Risk Management", *Radioactivity in the Environment* 19, 1st ed, Amsterdam: Elsevier.

〔2〕　胡帮达："美国核安全规制模式的转变及启示"，载《南京工业大学学报（社会科学版）》2017 年第 1 期，第 20 页。

〔3〕　熊文彬等："俄罗斯核电安全监管体系及启示"，载《辐射防护通讯》2012 年第 4 期，第 23 页。

境评价》；2011 年联邦法律《放射性废物管理》；2006 年联邦法律《水法》；1992 年联邦法律《矿产资源》。[1]

技术规则——核工业应用产品特性的强制性要求，为联邦法或俄罗斯联邦政府规章批准；联邦规范和规则——核设施和核能利用活动的强制性要求；行政法规——履行国家职能的核设施与辐射安全监管程序（强制性监管机构的专家）。

指导性文件：实施国家调控的指定程序（监管机构专家义务或咨询文件），核安全技术导则（章程），技术法规、联邦规范和规则的强制性规定的执行性解释（咨询），国际公约以及其他相关法律等规范性法律文件。

此外，为了实现核安全目标，俄罗斯不仅创立了核安全监督主管部门，同时也赋予了监督主管部门相关权力。在这个过程中，监督主管部门根据自身情况制定了法律文件，以便实现监督管理目标。

俄罗斯在法律应对方面，重新框定了核风险防范和安全规则，秉持预防理念，积极防止灾难性后果的发生，设计了预防性制度，安排了风险控制制度。在此基础上，形成了基本法、一般法、实施细则、政策纲领、行动指标等法律法规纵向递进、纵深防护的法律体系，在规制内容上包含核电站设施的设立、原子炉的安全运转、核废料管理、灾害防护、辐射限度、食品和饮用水安全、放射性污染防治等诸多方面。[2]此外，为了更好地实现核安全的监督管理目标，俄罗斯强化了安全培训教育等重要措施。这些内容主要包括：联邦国有机构"核与辐射安全科学与工程中心"为联邦环境、技术和核安全监督管理局在核安全和辐射安全方面提供技术支持。该监管机构的职能主要包括以下几个方面：在原子能领域开发能源的监管法律文件（包括技术规范）；发展和修订原子能领域的技术法规；组织和审查原子能安全现状；科学研究证明核与辐射安全原则和标准；组织和认证实际软件；联邦服务办公厅要求的其他活动。核安全委员会协助联邦环境、工业技术与核监督管理局监管以下几个方面：在俄罗斯的核电厂

---

〔1〕 熊文彬等："俄罗斯核电安全监管体系及启示"，载《辐射防护通讯》2012 年第 4 期，第 24 页。

〔2〕 范纯："风险社会视角下的俄罗斯核电安全"，载《俄罗斯中亚东欧研究》2012 年第 6 期，第 22 页。

进行的升级许可；会计监督、控制和实物保护核材料；区域法规发展和培训检查；许可企业的发展，加工武器级核材料钚和生产混合氧化物燃料；对供应给俄罗斯核电厂相关安全部件的认证发挥其相应的职能。[1]俄罗斯监察局在核安全监管领域有 2 个技术支持单位以及 1 个分析实验室。2 个技术支持单位是核与辐射安全科技中心（SEC NRS）和对外贸易安全联合会（VO/Safety）。[2]SEC NRS 及 VO/Safety 的主要职能是根据俄罗斯监察局下达的任务，开展相关安全审评工作，并给出审评意见；同时制定及修订原子能利用领域的监管法律文件、技术条例等，必要时履行俄罗斯监察局授权的监督职能，分析评价原子能利用行业的人及单位核安全运行的经验回馈，参与证明核与辐射安全原则和标准的相关科研活动，对分析计算核安全性的软件工具进行认证。此外，俄罗斯核安全监管当局还成立了一个专门的培训组织机构——核与辐射安全培训中心（TMC NRS）。该中心的主要职能是：在核与辐射安全领域开发和维持统一的、系统的方法，以为监管当局及其支持机构职员（核安全监督管理当局的专家及监督员）提供专业培训；为所有参与设备制造监察及核设施符合性评估工作的人员提供专门培训；采取执照教育方式对核工业领域核安全从业人员进行培训、复训和继续教育。俄罗斯十分注重对核安全文化的建构，核电站员工安全意识不断上升，减少了人为导致的核事故风险。俄罗斯国家原子能公司总裁基里延科在 2011 年 6 月 24 日表示，其公司将在 2011 年至 2012 年花费逾 150 亿卢布购买额外设备，以保障俄罗斯境内现有核电站的安全。[3]此外，俄罗斯在核电站建造许可方面，由政府作出最终决定，但根据其《原子能利用法》第 28 条的规定，决定除需符合有关法律规定外，还应考虑征询公众意见或建议后的结论性观点。[4]

---

〔1〕 "National Report of the Russian Federation for The Second Extraordinary Meeting of the Contracting Parties to the Convention on Nuclear Safety", http://www. rosatom. ru/en/resources/8b6a77804e4378 a289f5 898cb8b4ed30/Russian_ report. pdf.

〔2〕 熊文彬等："俄罗斯核电安全监管体系及启示"，载《辐射防护通讯》2012 年第 4 期，第 25 页。

〔3〕 "俄罗斯将花 150 亿卢布保障核电站安全"，载山西证券：http://www. i618. com. Cn/news/News Content. jsp? DocId =1785430，最后访问时间：2015 年 6 月 24 日。

〔4〕 胡德胜："俄罗斯核能产业法律与政策研究"，载中国法学会能源法研究会编：《中国能源法研究报告 2011》，立信会计出版社 2012 年版，第 257 页。

（三）法国核能开发的风险规制

法国是当前世界上电力来源中核能开发利用占比较大的国家，法国电力约有70%来源于核电。法国在加大核能开发利用的过程中逐步强化了对核安全的监督管理，在核能发展历史中积累了很多的经验。当前，法国核能开发利用规模为19座核电站、58座核反应堆。法国拥有着世界上第二大的核能开发利用规模。同时，法国在核能利用方面拥有大量的法律、法规以及包括技术标准在内的规范性法律文件。这些法律文件主要包括：《核透明与安全法》，其是法国核安全法律体系的核心，是核安全领域的一部综合性、基础性法律规范。此外，法国的核安全法律体系还包括：《反污染法》（1961年）、《重要核设施法令》（1963年）、《核材料保护与控制法》（1980年）、《核废物管理研究法》（1991年）、《全面保护人体免受电离辐射法令》（2002年）、《可持续管理放射性材料与废物规划法》（2006年）。法国加入与签订的核国际公约包括：《核安全公约》《乏燃料管理安全和放射性废物管理安全联合公约》《核损害民事责任维也纳公约》《核电方面第三方责任公约》《核事故或辐射紧急情况援助公约》和《及早通报核事故公约》。《核领域透明度和安全法》（2006年）更加明确地规定了核领域的透明度，其中包括为确保公众获得有关核安全和核安保的可靠的、可获得的信息的权利而采取的一系列规定。[1]

此外，为了实现核安全的目标，法国不仅创立了核安全监督主管部门，同时也赋予了其监督管理权力。目前，法国核安全监督管理部门主要包括国会、政府和核安全局（ASN），法国国会主要是通过制定核能以及相应的核安全立法来履行其监督职责。政府需要履行的核安全监督管理职责主要包括：核应急准备工作，制定与核安全、辐射相关的一般性技术规章，作出与基础核装置有关的主要决定，与核安全局协商起草核能开发利用与核安全保护有关的法令和规则。核安全局的主要职责包括制定规章、批准（授权）、实施监督、参与应急、调查事故、提供信息和研究跟踪。[2] 2002年，法国为了进一步提升核安全规制机构的权威和规制力度颁布了

---

〔1〕 M. Bourrier, C. Bieder (eds.), "Risk Communication for the Future, Springer Briefs in Safety Management", https://doi.org/10.1007/978-3-319-74098-0_1.

〔2〕 罗艺："法国核安全管理体制简评"，载《世界环境》2014年第3期，第33页。

254 号法令和 255 号法令。由此，法国工业部核设施安全局和卫生部辐射防护主管部门合并，成立了核安全和辐射防护总局（DGSNR）；法国核安全与辐射防护研究所和电离辐射防护办公室合并，成立了辐射防护与核安全研究所（IRSN）。核安全和辐射防护总局作为法国核安全的规制机构，具有独立处理核安全和辐射防护事务的职权，不受任何核设施运营单位的影响，有权独自作出决定。辐射防护与核安全研究院则成了核安全和辐射防护总局的技术后援单位。[1]此外，为了实现核安全的监督管理目标，法国强化了安全培训教育等重要措施。西欧核管制协会（WENRA）编写的一份文件包括了对"设计延伸"的讨论。该分析旨在实现以下目的：检查工厂在超出设计基准的特定核事故中的表现，包括选定的严重事故，以便在合理、可行的情况下尽可能减少在发生概率非常低的事件中释放对公众和环境有害的放射性物质。[2]此外，法国核安全局十几年来一直向公众出版发行《核安全监督》月刊，其在每个销售报刊的地方都能被轻易购得。其精确记载着全国所发生的每一起核故障，哪怕是一个极其微小的失误也会被记录在案。此外，公众可在相关机构网站上查询国内有关核能开发的信息。[3]

法国放射防护与核安全研究所（IRSN）成立于 2002 年，是一个从事工业和商业活动的公共机构，在负责能源、环境、健康、国防和研究的部长的共同监督下运作。该研究所的主要任务是研究、评估和完成公共服务任务，包括公共信息。IRSN 活动领域广泛，涉及核安全、工人的辐射防护、人口和环境的辐射防护、工人和公众对核医学的辐射防护、应急准备和事故后业务支持、核敏感材料的安全和控制以及核设施的安全。事故发生前，IRSN 的沟通部门的策略是在研究所内部建立独立的判断力，同时提高 IRSN 对媒体和公众的知名度。所有的 IRSN 专家和研究人员都参与了这一项目。例如，通过媒体培训来更好地了解媒体的来龙去脉和限制因素。[4]

〔1〕 杨骞、刘华军："中国核电安全规制的研究——理论动因、经验借鉴与改革建议"，载《太平洋学报》2011 年第 12 期，第 83 页。

〔2〕 Western European Nuclear Regulators' Association, "Wenra Reactor Safety Reference Levels", *Reactor Harmonization*, Working Group, January 2008.

〔3〕 李小燕、濮继龙："试论核能发展的公众介入和公共宣传"，载中国核能行业协会：《2008 年中国核能可持续发展论坛论文集》，2008 年 5 月 1 日，第 147 页。

〔4〕 M. Bourrier, C. Bieder (eds.), "Risk Communication for the Future, Springer Briefs in Safety Management", https://doi.org/10.1007/978-3-319-74098-0_1.

在福岛第一核电站危机期间，研究所向地方当局、媒体、公众、专家和通信单位提供了准确的实时信息。[1]在此期间，IRSN 等机构面临前所未有的局面。根据各方的要求，该研究所每日编写电子公告，总结日本核电厂的状况及其对人口和环境的影响。[2]尽管 IRSN 提供了明确、可靠的信息，证明日本没有因核事故造成直接伤亡，但公开调查表明，这并未阻止法国公民对核电失去信心。[3]在辐射防护和辐射健康风险管理方面缺乏知识和教育导致公众混淆了不同通信工具传播的信息并呈现出不良反应，即低剂量辐射效应仍然存在不确定性，从而使广大市民的风险认知复杂化。[4]

（四）英国核能开发的风险规制

英国是世界上核能开发利用规模比较大的国家之一。英国在加大核能开发利用的过程中逐步强化了对核能开发的风险规制，在核能发展历史中积累了很多经验，在核能利用方面拥有大量的法律法规以及包括技术标准在内的规范性法律文件。这些法律文件主要包括：1960 年颁布的《放射性物质法案》，该法案首次建立了放射性废物管理和评估标准的法律框架；1990 年修改了《环境保护法》，进一步促使政府更加有效地控制放射性废物。除了上述法律之外，由政府任命的独立委员会发布的报告也是英国核废料政策的重要组成部分，对政府出台核废料法规具有重要的指导作用。1976 年，英国皇家环境污染委员会发布了一个里程碑式的报告。该报告建议除非制定出一个有公信力的中、高级核废料管理路线图，否则核能产业就不应进行大扩张式发展。2001 年出台的安全地管理放射性废料白皮书采

---

〔1〕 IRSN，"Baromètre Irsn 2012"，Retrieved from http://www. irsn. fr/FR/IRSN/Publications/barometre/Documents/IRSN_ barometre_ 2012. pdf.

〔2〕 M. Bourrier，C. Bieder（eds.），"Risk Communication for the Future, Springer Briefs in Safety Management"，https://doi. org/10. 1007/978-3-319-74098-0_ 1.

〔3〕 IRSN 年度风险感知调查的回答为"否"的受访者比例从 39%上升到 42%，而对于核电站发生的事故，回答为"你相信法国当局对公民风险缓解行动的信任程度"的受访者比例从 63%上升到 64%。IRSN，"Baromètre Irsn 2011"，Retrieved from http://www. irsn. fr/FR/IRSN/Publications/barometre/Documents/IRSN_ barometre_ 2011. pdf. IRSN，Baromètre Irsn 2012，Retrieved from http://www. irsn. fr/FR/IRSN/Publications/barometre/Documents/IRSN_ barometre_ 2012. pdf.

〔4〕 S. Yamashita，N. Takamura，"Post-crisis Efforts Towards Recovery and Resilience after the Fukushima Daiichi Nuclear Power Plant Accident"，*Japanese Journal of Clinical Oncology*，45（2015）.

纳了上议院科学与技术委员会提出的关于核废料管理政策的重点应放在公众与利益相关者的参与上的建议。2008 年，英国政府批准同意新建核电项目，但在有关核废料的新政策规定中，新建项目的核废料同样被视为遗留废弃物，其贮藏选址的谈判对象是那些自愿小区，即那些自愿接受废弃物的小区。[1]

此外，为了实现核安全的目标，英国不仅创立了核安全监督主管部门，同时也赋予了监督主管部门相关权力。在英国，管理核废料的机构较多，既有官方政府机构，也有半官方性质的企业类机构，还有半官方性质的咨询类机构等。各机构分工负责、职责明确。[2]英国健康与安全局是英国核安全监管的最主要机构，其依据《1974 年职业健康与安全法》成立，是一个相对独立的行政执法机构，负责核安全许可证的发放和民用核设施的安全管理。其具体工作则由其下设置的核安全局（2011 年后为核监管局）负责。核除役管理局负责民用核设施的除役和清理、放射性和非放射性废弃物安全管理等事项。英国境内的核材料的安全运输，陆运交由交通部负责，铁路由监督与安全局负责，海运由海事与海岸警卫局负责，空运由民航局负责。英国环境、食品和乡村事务部负责英国放射性废弃物政策和法规的制定、对环境放射性管理和放射性废弃物管理技术的研究及对海外核事故的处置。具体的放射性物质控制工作则由英国环境保护部、苏格兰环境保护局负责。此外，英国还设置了数量较多的安全委员会，以便就核电建设及核安全监管工作向政府提供相应的建议。[3]在这个过程中，监督部门根据自身情况制定了法律文件，以便实现监督管理目标。

（五）德国核能开发的风险规制

德国对核能的开发利用也较为突出。2011 年日本福岛核电站泄漏事故发生后，德国宣布放弃对核能的开发利用。德国在以往的核能开发利用过程中逐步强化了核安全的监督管理，在核能发展过程中也积累了很多的经

〔1〕　胡象明、王锋："英国核废料管理的经验分析"，载《环境保护》2012 年第 17 期，第 69 页。

〔2〕　胡象明、王锋："英国核废料管理的经验分析"，载《环境保护》2012 年第 17 期，第 69 页。

〔3〕　王金鹏、沈海滨："气候变化背景下英国核电建设的重启及核安全监管机构的改革"，载《世界环境》2014 年第 3 期，第 42 页。

验。2004 年，德国核能发电量为 1670.65 亿度，居世界第四，仅次于美国、法国和日本。至 2010 年，德国核电生产占全国电力供应的 24.5%。1998 年绿色政党在加入执政联盟以后大力主张废弃核电，德国的核电厂逐渐被淘汰。[1] 截至 2012 年，德国仅有 9 家连接电网的核电站。德国在核能利用方面制定、颁布、执行了大量的法律、法规以及其他包括技术标准在内的规范性法律文件。这些法律文件主要包括：联邦德国政府于 1958 年颁布的《原子能法》。该法是德国核能立法的核心法律，与《放射性物质保护条例》及《核能许可程序条例》等共同构成德国的核能安全与核利用法律体系。此外，德国还于 2002 年制定了《有序结束利用核能进行行业性生产的电能法》。同时，为了实现核安全的目标，德国不仅创立了核安全监督主管部门，同时也赋予了监督主管部门相关权力。根据《原子能法》的规定，德国环境、自然保护和核安全部（BMU）是监督管理核能设施和许可核能利用的主要部门。[2] 在这个过程中，监督部门根据自身情况制定了法律文件，以便实现监督管理目标。此外，为了更好地实现核安全的监督管理目标，德国强化了安全培训教育等重要措施。

在规制核能发展的过程中，德国制定了相应的核能法。《核能法》采用了大量的不确定法律概念，特别是诸如"科学与技术的水平""必要的预防措施"这样高度抽象的法律概念。[3] 源于人类经验认知的局限性，风险评价不可避免地要面对一定程度的不确定性。在此情况下，法律赋予了行政机关自由判断的空间。[4] 在德国，《核能法》第 7 条第 2 款第 3 项具备足够的理由来采用不确定的法律概念。其着眼于动态的基本权利保护（Dynamischen Grundrechtsschutz），有助于使《核能法》第 1 条第 2 款的保护目标得到最佳实现（bestm·glich ZU verw irklichen）。[5] 此外，德国法

〔1〕 "德国宣布 2022 年前将关闭所有核电站"，载网易新闻：http://news.163.com/11/0530/09/759SH 6QC00014JB6.html，最后访问时间：2016 年 10 月 12 日。

〔2〕 杜群等：《能源政策与法律——国别和制度比较》，武汉大学出版社 2014 年版，第 157 页。

〔3〕 伏创宇："核能安全立法的调控模式研究——基于德国经验的启示"，载《科技管理研究》2013 年第 17 期，第 245 页。

〔4〕 BVefGE 49，89.

〔5〕 转引自伏创宇："核能安全立法的调控模式研究——基于德国经验的启示"，载《科技管理研究》2013 年第 17 期，第 246 页。

院还通过对有关核能案件的审判确立了最佳危险防止和风险预防原则，并在判决书中进行了阐释。[1]在这个过程中，只有使那些对风险评估具有重要影响的情形与最新的科学知识动态相适应，才能满足最佳危险防止和风险预防原则的要求。[2]

（六）日本核能开发的风险规制

作为世界上唯一一个受到过原子弹攻击的国家，日本在承受核污染严重损害的同时，受其本土因素的影响也开始逐渐发展核能，并将核能作为本国电力的重要来源之一。虽然受到国土面积的限制较大，但是日本的核能开发利用技术发展水平较高、规模较大。2011年日本福岛核泄漏事故的发生，致使日本暂时关闭了该国境内所有的核电站，并对相应的核电站进行了检查。日本在以往核能开发利用的过程中逐步强化了对核安全的监督管理，在这个过程中积累了很多经验与教训。截至2011年日本福岛核泄漏事故发生之前，日本已建立有52座核反应堆，仅次于美国（104座）和法国（58座），是世界上第三大核能利用国。2010年，核发电已经占到日本电力供应总量的29.2%。[3]但是，截至2012年5月，日本54座核反应堆已全部停止运营。日本在核能利用方面拥有大量的法律法规以及包括技术标准在内的规范性法律文件。这些法律文件主要包括：1955年的《原子能基本法》，分别于1978年、1998年、1999年、2004年进行了修正与完善；

〔1〕1978年8月8日的"卡尔卡尔案"判决在德国核能司法史上具有奠基性的地位，其不仅提出了最佳危险防止和风险预防原则（还有实践理性标准），还结合核能规制的特点对法律保留原则和法律明确性原则进行了解读。原告是离核电厂仅1公里的农场经营者，其针对所谓的快滋生核电厂（Kem kraftwerk Dsrfvps Des Sogenannten Schnellen Brtiters）的第一部分许可决定提起诉讼。初审行政法院驳回了该诉讼。明斯特高等行政法院基于《基本法》第100条第1项，认为《核能法》违宪，停止审判程序，将案件移送联邦宪法法院。高等行政法院认为，《核能法》第7条未对核反应堆的种类作出规定，违反了法律保留原则和法律明确性原则；对快滋生核电厂的许可，违反了权力分立原则、议会民主原则及法治国原理，从而违宪。所谓快滋生反应堆（Schneller Brutreaktoren）与一般反应堆不同的是，其不但消耗可分裂燃料，同时也产生新的可分裂燃料，而其所产生的新燃料比所消耗的更多。德国联邦宪法法院肯定了《核能法》上不确定法律概念运用的合宪性。伏书宇："核能安全立法的调控模式研究——基于德国经验的启示"，载《科技管理研究》2013年第17期，第245页。

〔2〕Ru Olf Lukes, "Das Atom Recht im Spannungsfeld zw Ischen Technik und Recht", *Neue Juristische Wochenschrift*, 1978（6）：242.

〔3〕"BP世界能源统计年鉴"，载BP石油公司主页：http://bp.com/statostocalreview，最后访问时间：2016年5月4日。

1961 年 11 月的《原子能损害赔偿法》；1965 年的《原子能委员会及原子能安全委员会设置法》。此外，2006 年《日本新国家能源战略》也对核能进行了相应的规定。[1]2011 年日本福岛核泄漏事故的发生，促使日本重新审视相应的法律以及核安全监督管理方面的各项活动，以此来促使其国内核安全目标的实现。为了实现这一目标，日本不仅创设了核安全监督主管部门，同时也赋予了监督主管部门相关权力。在这个过程中，监督部门根据自身情况制定了法律文件，以便实现监督管理目标。此外，为了更好地实现核安全的监督管理目标，日本相应地强化了安全培训教育等重要措施。相较于 2011 年，日本 2019 年度核电项目建设比 2011 年增加了 33%。[2]

日本福岛核泄漏事故发生后，居住于福岛县的居民，特别是那些临近核电站的居民构成了福岛核泄漏事故被损害群体的核心。日本核安全监管中公众监督的缺失是造成该起核泄漏事故的重要原因。[3]为了规避这种由核事故发生所排放的放射性废弃物造成的污染以及其他可能的损害，受害者群体立足于自身的需求提出了科学、系统地认知核风险的现实需求。他们借助各种手段搜集、获取并交流彼此所掌握的各种信息，不断增进对核事故以及核能开发风险的认识。在这个认知构建过程中，还夹杂着各种对有关事实的判断——在日本以及其他地区，哪些地方受到了污染、污染的具体程度、产生危害的原理、可能的规避与应对措施等；对有关价值的判断——核污染这种状况是由谁的行为造成的，谁要为之承担法律责任，当前的政府、科学技术和相关的法律制度以及技术标准制度是否还值得信赖等。立足于这样一种主体认知，相应的受害者群体开始实施各种行为，并采取各种可能的、合理的风险规避手段。此外，他们还针对有关的核风险信息开展宣传活动，并最终组织起来通过请愿等途径来表达自身意愿。[4]

---

〔1〕 杜群等：《能源政策与法律——国别和制度比较》，武汉大学出版社 2014 年版，第 69 页。

〔2〕 "BP 世界能源统计年鉴"，载 BP 石油公司主页：https://www.bp.com/en/global/corporate/energy-economics/statistical-review-of-world-energy.html，最后访问时间：2020 年 8 月 31 日。

〔3〕 W. Kuo, *Critical Reflections on Nuclear and Renewable Energy: Environmental Protection and Safety in the Wake of the Fukushima Nuclear Accident*, Hoboken: John Wiley & Sons, 2014.

〔4〕 徐文涛："风险社会理论视角下福岛核事件分析"，中国海洋大学 2012 年硕士学位论文，第 9 页。

东京电力公司成立了一个社会沟通办公室，"旨在通过按照社会标准促进企业文化和风险沟通的改进来加强风险沟通活动，以解决组织问题"。该办公室专注于向当地居民解释公司面临的挑战，并在内部提供最新信息以改善内部和外部沟通。[1]有效的风险沟通必须具有对称性，这种沟通本质上是合乎道德的，并有助于实现积极的市场成果、组织有效性、价值驱动的危机管理、有抱负的企业声誉以及积极的媒体报道。[2]风险沟通理论在风险管理者与其利益相关者之间建立了双向通道，其重点是确定当前正在出现或正在发展的风险的性质以及控制、最小化或减少风险的策略。Fischoff 确定了风险沟通的七个阶段及其最佳实践：①正确确定数字；②告诉公众数字的含义；③解释数字的含义；④向公众展示他们如何接受相似的风险；⑤说明风险收益如何超过成本；⑥尊重公众；⑦在公众和风险沟通者之间建立伙伴关系。[3]例如，公共关系部分重点关注客户、当地小区和其他战略公众，通过广告、报纸、广告、网站、小册子和公共关系设施提供信息。为了回答客户的询问，服务中心还会向客户提供信息。[4]

## 二、外国核能开发风险规制对我国的借鉴

从相关国家核安全风险规制的发展历程以及具体措施、经验来看，其中有很多内容值得我们在设置核安全风险规制时进行相应的参考与借鉴。

### （一）确立风险规制的原则

第一，风险预防原则。风险预防原则要求核能开发主体以及核安全监督管理部门针对在核能开发过程中可能出现的风险因素进行科学评估，并采取有针对性的措施加以应对，以减轻核能开发风险可能造成的损害。根

---

〔1〕 TEPCO, "（2013）. Establishment of the Social Communication Office（press release）", Retrived from http://www. tepco. co. jp/en/press/corpcom/release/2013/1226290_ 5130. html.

〔2〕 Y‐H. Huang, "Is Symmetrical Communication Ethical and Effective?", *Journal of Business Ethics*, 53, 333~352（2004）.

〔3〕 B. Fischhoff, "Risk Perception and Communication Unplugged：Twenty Years of Process", *Risk Analysis*, 15（2），137~145（1995）.

〔4〕 C. B. Pratt, A. Yanada, "Risk Communication and Japan's Fukushima Daiichi Nuclear Power Plant Meltdown：Ethical Implications for Government‐Citizen Divides", *Public Relations Journal*, 8（4），6（2014）.

据相关的原则要求，需要采取必要的预防措施，并针对相应的行为科学、有效地加以应对。在这个过程中，首先需要对相应的风险因素进行风险评估，即开展风险识别、风险衡量等活动，从而实现最佳危险防治，特别是实现科学与技术水准的动态平衡。

第二，及时性原则。该原则要求在开展风险评估过程中，及时、有效地对相应的风险评估对象按照风险评估的框架进行风险评估，并基于此开展风险信息沟通以及风险决策等相关活动，从而更好地完成对核能开发的选址、建设、运行等环节的许可与运行。

第三，效率原则。根据效率原则，在风险评估活动中，针对核能开发的选址、建设、运行等活动要及时、快速地进行风险评估，以实现相应活动的快速、有效。同时，按照效率原则的要求，风险评估活动的开展以及后续活动的开展应当及时、有效地进行，而不是过于执拗于其中某一个环节，导致其他环节无法按照法律规定的时限要求及程序进行及时、有效的开展，最终导致风险规制（特别是风险评估活动）的效率过低。

第四，公众参与原则。核能开发活动的开展将会给周边环境及人群造成潜在的影响，为了更好地应对这种影响，我们需要有针对性地采取一定的应对措施。一方面，需要核设施运营单位采取保障核设施的完好性、核安全、环境安全的措施；另一方面，需要鼓励公众参与到相关活动之中，告知核设施运营单位以及核安全监督管理主体自己所掌握的相关信息，并发挥自己在核能开发过程中对核安全的决策以及其他活动的作用，从而实现核能开发的有序开展。

（二）确立核能开发风险规制的法律制度

信息公开对于保障相应的公众以及核安全监督管理主体掌握核能开发风险具有重要的价值。它是公众参与相应核能开发活动及风险规制活动，维护自身合法权益的桥梁。在核能开发过程中，相关信息公开的不足或者缺乏信息沟通容易导致恐慌，甚至会演化成一种对抗。而这种不利情形将会给核能开发制造极大的障碍，同时也不利于在核能开发过程中核安全保障措施的采取以及核安全目标的实现。借助信息公开以及科学的释明功能，相关核能开发主体可以让公众了解到更为全面和详细的核能开发风险，降低公众的恐惧感，促使公众了解与掌握相应风险的应对措施，从而提高自己应对核能开发风险的能力。从日本福岛核泄漏事故及其后果中吸取的教训可以证实，在紧急情况下缺乏知识和理解会使得公众非常紧张，并且不仅会对直接受影响的人造成负面的心理影响，而且还会给那些远距离目击的人造成负面的心理影响。对于个人而言，改善理解会改变他们的观点。核事故的挑战之一是为事故后阶段做好准备，并充分意识到事故可能产生的更广泛后果。受核辐射影响最严重的民众可能不得不撤离或者继续生活在受到许多限制的受污染地区。[1]缺乏知识、对当局的不信任以及对错误信息的接受可能导致许多民众错误地认为一个实际上仅在有限区域内遭受有害污染的国家已经完全受到污染。事实证明，科学的辐射数据收集工作对于填补公众的信息空白非常重要。政府机构、第一响应者和国际机构越来越认识到公民团体技术能力和组织能力的重要性，许多人均表示有兴趣将公民努力纳入灾害应对计划。[2]

（三）构建系统化的风险规制程序

第一，风险识别。在这个环节中，最重要的任务是对核能开发风险因素进行识别与确认，以确定相应的风险要素是否存在以及以何种形式存在，并将会以何种方式发挥作用。这个环节是风险评估的第一个重要活动。其直接关系到接下来的风险评估活动以及风险沟通活动的开展。风险规制活动的开始主要是基于涉及新的核能开发行为的实施，这些行为包括核设施的选址、建设、试运行、运行、退役以及相应的核废料的处理。对这些行为进行风险规制，有助于发现这些活动可能存在的各种风险问题，并有针对性地采取有效措施。此外，当核安全监督管理部门或者核安全风险规制主体发现存在需要进行风险规制的现实条件或者因素时，需要公开相应的信息并征求风险规制主体的意见，开展相应的科学研究。当认为相应的风险可能危害核能开发时，需要依照职权组织实施风险规制活动。因

---

〔1〕　M. Bourrier, C. Bieder（eds.）, "Risk Communication for the Future, Springer Briefs in Safety Management", https://doi.org/10.1007/978-3-319-74098-0_ 1.

〔2〕　A. Brown et al. , "Safecast: Successful Citizen-science for Radiation Measurement and Communication after Fukushima", *Journal of Radiological Protection*, 36（2）, S. 82; A. Brown et al. , "Citizen-Based Radiation Measurement in Europe: Supporting Informed Decisions Regarding Radiation Exposure for Emergencies as Well as in Daily Life", *Ricomet Conference Poster*, Retrieved from http://ricomet2016. sckcen. be/ * / mdia/Files/Ricomet2016/Day1/PP110%20Brown. pdf? la=en.

此，风险规制的开始主要是基于新的核能开发行为，以及发现新的可能影响核安全的风险因素且这些风险因素可能会危害核能开发活动的开展以及安全目标的实现。针对核能开发的风险规制，其客体主要表现为核能开发过程中的各种风险信息。这些信息既表现为核能开发技术的风险，也表现为核能开发过程中为保障相应核设施以及相关活动的核安全技术的风险，同时也涉及核能开发结果方面的风险。总之，风险识别主要是针对风险规制的客体开展的活动。

第二，风险评估。在这个环节中，核设施运营单位或者核安全监督管理部门会组织相应的风险评估小组按照确定的评估模型开展风险评估活动。风险评估模型由概率风险评估等模型组成。在风险评估过程中，相应的组织主体主要是核能开发主体——在核能开发利用过程中，相应的核能开发利用活动直接由核能开发利用主体承担并实施相应的开发行为；其在核能开发过程中具有直接的相关利益，并且按照相关的法律要求，核能开发主体在核能开发过程中承担着保障核安全、降低核损害发生的法律责任与义务。因此，需要将核能开发利用主体作为风险规制的主体之一。核能开发主体作为风险评估主体需要承担的权利与义务主要包括：①提供详细的核能开发过程中所产生的各种风险信息。由于核能开发主体是核能开发行为的法律关系主体，其负责实施核能开发行为，因此核能开发主体对相应的核能开发过程中所产生的各种风险信息掌握得最多，基于此，其作为风险规制主体需要提供详细的风险信息。②参与风险规制的各项活动，特别是风险评估与风险决策。风险规制的结果（特别是风险决策的作出与执行）直接关系到相应核能开发行为的实施。因此，为了维护自身的利益以及科学地促进核能开发，核能开发主体必须参与风险规制活动。③风险决策结果的实施。在风险规制过程中（特别是风险决策作出后），需要由相应的主体实施风险决策的结果。在核能开发过程中，风险决策的结果一般与核能开发行为相连接，因此作为核能开发的直接承担者，核能开发主体需要按照法律要求及程序作出相应的风险规制决策，从而保证核安全目标的实现。

第三，风险沟通。在这个环节中，主要是风险沟通主体按照法律规定的程序和方式，对核能开发的风险要素以及风险评估主体所作出的风险评估报告进行信息公开以及征求其他法律关系主体的意见与建议。在这个环节中，风险沟通的主体包括核安全监督管理部门以及公众。风险规制的管理部门在多数情况下是核安全监督管理部门。在风险规制活动开展过程中，其也需要参与到风险规制的实施活动之中。首先，其作为管理部门需要将自己在管理活动中所掌握的各种信息（特别是风险信息）提供给相应的风险规制实施主体。这是因为其掌握了丰富的风险规制信息，对核能开发以及相应的核能开发利用技术、核安全技术最为了解，理应提供相应的信息。其次，其需要发挥风险规制的组织作用。作为风险规制，需要有相应的组织主体按照法律程序召集实施主体开展风险规制活动。公众（特别是那些生活工作处于核能开发地区附近的公众），需要作为风险规制的参与主体参与到风险规制活动之中。首先，需要公众积极参与到风险规制过程之中，特别是在风险沟通与风险决策环节，需要公众积极地利用风险沟通平台反映其收集到的关于核能开发以及相应活动的各种信息。其次，需要其理性地参与风险规制活动。风险规制是一种发现风险并进行应对的措施，需要公众积极反映其意见、建议。最后，公众参与到规制活动之中，能够最大限度地保障公众知情权。风险沟通与风险决策活动的参与可以使公众更好地了解相应的核能开发现状以及核安全技术应用等方面的信息。这些内容对于保障公众知情权具有良好的推动作用。在这个环节中，首先开展的是对风险信息的收集，在风险信息收集的基础上针对相应的风险信息开展风险评估，并通过风险沟通公开风险评估的结果并征求相关主体的意见。此后，在风险决策活动中，需要借助风险沟公开相应的信息，并按照法律规定的风险决策程序，完成风险决策。

第四，风险决策。专门的风险规制管理部门按照法律程序的要求组织相应的风险规制实施主体按照风险规制的程序积极、有效、科学地开展相应的风险规制活动，并最终达成风险规制的目标。此外，风险规制的组织主体——核安全风险规制实施主体——需要依照法律程序与职责监督相应的风险规制结果的落实，保证风险规制目标的完成。风险规制的完成，最后且最主要的环节是风险决策。在风险决策实施过程中，可能会遇到以下问题：其一，通过风险评估，发现相应的风险信息可能造成的不良影响较为微弱，通过现有的核安全技术是可以应对的，那么便可交由核能开发主体通过采取有针对性的技术措施及其他措施进行应对。其二，相应的风险可能造成的危害较大，需要核能开发主体强化核安全技术的应用，还需要借助风险决策程序选择那些有针对性的措施去加以应对或者强化核能开发主体能力建设以及提升相应的技术水准，从而更好地实现风险规制的目标。此外，通过风险规制活动的实施，最终实现风险规制的目标。其三，通过风险规制，分析在核能开发中潜在的风险因素、相应风险存在的条件、发生的条件以及可能造成的损害，并对当前的核安全技术进行相应的分析，从而找出应对核能开发风险的有效措施，最终实现核能开发的风险规制。

在对核能开发进行风险规制的过程中，欧盟在 2002 年的《科学与社会行动纲领》中重新确定了风险治理运作的范畴。在对敏感性、争议性的技术实施管制时，风险治理在实际执行程序与环节上应当包括风险认定、风险评估、风险衡量、风险管理及风险沟通。在相应的范畴内，针对风险事件中所涉及的具有不确定性的领域，相关文件区分了风险评估与风险管理的策略：一方面，将独立、透明的风险评估作为认定风险的科学基础；另一方面，风险事件在科学上存在不确定性问题时，各成员应当重视风险沟通与公众参与的效果，并将公众参与作为风险管理的指导方针。这样的一个发展过程呈现出了环境污染与治理方式、措施的发展过程。这样的情形同样也存在于核能开发的规制过程中。

通过上述对不同国家的比较与分析，我们可以发现，这些国家在核能开发的风险规制方面存在着共同点：首先，存在专门的风险规制部门。以美国为代表的国家设立了相应的核安全监督管理部门，同时也设立了相应的风险规制部门——风险管理事务工作组，并要求风险规制部门从事风险规制的具体活动。从美国和法国实施风险规制的经验来看，需要设立专门的工作部门，特别是可以为相应风险规制活动提供有效参考意见和建议的科学建议部门，在相应的部门人员组成中，既要包括那些与核电开发直接相关的专业（如工程、电力、安全、地质等专业人员），也要包括来自心理学、社会学、法学等人文社会学的专家学者，以便对特定的核能开发利用项目可能产生的各种风险问题提供有效的专业支持。其次，存在较为系统的风险规制程序。最后，存在科学的风险规制目标实现工具。在美国，核规制委员会着手对规制措施进行改革，其主要举措包括两方面：一是建立风险指引的规制模式（risk-Informed regulation）；二是建立基于表现的规制模式（performance-based regulation）。为推广这些新的规制方式，美国核规制委员会于 1999 年发布《风险指引和基于表现的规制白皮书》，进一步明确了风险指引规制模式和基于表现规制模式的概念和关系。[1]美国核规制委员会于 2006 年决定将它们合并成"风险指引和基于表现的规制模式"（risk-Informed and performance based regulation），以全面推动核规制委员会监督执法措施的完善。[2]基于此，我们需要在核能开发利用项目中确立以风险为指引或指导的核能开发安全管理实施机制，并将风险规制（尤其是风险评估、风险决策）通过建立风险规制机制进行有效落实，从而为我国核能开发利用的风险规制提供有效的技术参考。这些共同点可以为我国构造核能开发的风险规制制度提供有益的借鉴，在确立核能开发风险规制框架过程中可以加以参考与借鉴。此外，还需要特别注意的是，在落实风险沟通制度的过程中，需要强化相应的信息公开，并吸纳相关的公众，特别是利益相关者，使他们能够积极、有效地参与到风险沟通活动之中，从而为风险评估和风险管理活动提供有效的信息基础和条件，以便为最终的风险决策活动创造有益的前提和基础。此外，还应当强化风险指引型核安全监管技术研究，制定适用于我国监管要求的风险指引型核安全监管框架，制定具体行动实施程序，开发数据库平台。强化相应的风险指引型核安全监督管理制度的建设与运行，并努力提高运行水平。推进"四位一体"的核安全公众沟通工作。完善以政府为主导的公众沟通制度，推进公众沟通能力建设。强化网络平台和新媒体宣传功能，加强与媒体的沟通交流。完善信息公开方案和指南，加强信息公开平台建设，企业在不同阶段依法公开项目建设信息，政府主动公开许可审批、监督执法、环境监测、事故事件等信息，加强公开信息解读。保障在核设施建设过程中公众享有依法参与的权利。[3]

---

　　[1]　胡帮达："安全和发展之间：核能法律规制的美国经验及其启示"，载《中外法学》2018 年第 1 期，第 221 页。

　　[2]　转引自胡帮达："安全和发展之间：核能法律规制的美国经验及其启示"，载《中外法学》2018 年第 1 期，第 221 页。

　　[3]　"核安全与放射性污染防治'十三五'规划及 2025 年远景目标"，载生态环境部：http://www.mee.gov.cn/gkml/sthjbgw/qt/201703/t20170323_ 408677.htm，最后访问时间：2020 年 8 月 10 日。

## 第三节　我国其他领域风险规制的经验及启示

### 一、食品安全风险规制的措施与经验

（一）食品安全风险规制的措施

为了更好地规范与管理食品安全问题，依照《食品安全法》和《食品安全法实施条例》等规范性法律文件的规定，我国开始实施食品安全风险规制。我国食品安全风险规制已经实施了几年，并形成了自己独特的食品安全风险规制体系。这样的规定与现实操作可以为我们在核能开发方面的风险规制提供特定的参考与借鉴。

1. 我国食品安全风险评估的法律规定

我国食品安全风险规制从法律规定到具体的实施操作已经经历了较长的时间，在这个过程中形成了自己的体系与操作模式。分析和寻找我国食品安全风险评估的前提、基础以及具体的操作方式，我们可以明确我国食品安全风险评估的现状。

风险评估的法律地位是由自2006年开始施行的《农产品质量安全法》确立的。这是因为《农产品质量安全法》明确规定风险评估的结果是制定农产品质量安全标准的重要依据。[1]自2009年《食品安全法》制定与实施开始，我国食品安全风险规制方面的法律规定得以确立。与此同时，根据相关法律规定所确立的食品安全风险评估中心在具体的活动开展过程中制定了相应的操作规程，这些操作规程主要包括《食品安全风险评估报告撰写指南》及《食品安全风险评估工作指南》等内容。与此同时也包括风险评估专家小组在实施风险评估过程中所形成的风险评估操作规程等。食品安全法关于风险评估等方面的规定以及其他方面的规范性法律文件形成了我国目前关于食品安全风险规制的立法体系。这样的法律规定为我国开展食品安全风险规制提供了有效的法律基础。

2021年修订的《食品安全法》第二章规定了"食品安全风险监测与

---

〔1〕 何猛："我国食品安全风险评估及监管体系研究"，中国矿业大学2013年博士学位论文，第27页。

评估"。其以 10 条的内容规定了食品安全风险监测与评估，分别针对相应的食品安全风险评估的组织主体、具体实施风险评估的机构、风险评估的对象、风险沟通等内容。这些法律条文为我国食品安全风险监测与评估提供了有效的法律依据，但是对于相应的风险管理等内容却并没有较多地涉及。该章规定了食品安全风险评估结果的法律地位。风险评估、风险管理和风险交流共同组成了食品安全风险分析框架，目前食品安全风险分析框架是控制食品中各种化学、物理和生物危害以及食品安全突发事件所应遵循的原则已成为国际共识。

2. 我国食品安全风险规制的实施主体与方式

当前，为了更好地实现食品安全目标，我国按照相关的法律规定，于 2011 年成立了国家食品安全风险评估中心，并直属于国家卫生和计划生育委员会。国家食品安全风险评估中心紧密围绕"为保障食品安全和公众健康提供食品安全风险管理技术支撑"的宗旨，承担"从农田到餐桌"全过程食品安全风险管理的技术支撑任务，服务于政府的风险管理，服务于公众的科普宣教，服务于行业的创新发展。

国家食品安全风险评估中心下辖多个机构与部门，相应的机构与部门主要包括风险监测、风险评估与风险交流等。这些国家食品安全风险评估中心的机构负责开展具体的风险评估活动。[1] 国家食品安全风险评估中心所承担的这些职能也直接涉及其业务范围。

---

〔1〕　国家食品安全风险评估中心承担主要的食品安全风险评估任务与职能。这些职能主要包括："（一）开展食品安全风险监测、风险评估、标准管理等相关工作，为政府制定相关的法律、法规、部门规章和技术规范等提供技术咨询及政策建议。（二）拟订国家食品安全风险监测计划；开展食品安全风险监测工作，按规定报送监测数据和分析结果。（三）拟订食品安全风险评估技术规范；承担食品安全风险评估相关工作，对食品、食品添加剂、食品相关产品中生物性、化学性和物理性危害因素进行风险评估，向国家卫生计生委报告食品安全风险评估结果等信息。（四）开展食品安全风险评估相关科学研究、成果转化、检测服务、信息化建设、技术培训和科普宣教工作。（五）承担食品安全风险评估、食品安全标准等信息的风险交流工作。（六）承担食品安全标准的技术管理工作。（七）开展食品安全风险评估领域的国际合作与交流。（八）承担国家食品安全风险评估专家委员会、食品安全国家标准审评委员会等机构秘书处工作。（九）承办国家卫生计生委交办的其他事项。""国家食品安全风险评估中心主要职责"，载国家食品安全风险评估中心：http://www.cfsa.net.cn/Article/Singel.aspx?channelcode=B2957AD28C393252428FF9F892 D1EDE1811F73D8044090E5&code=224F8 CC60FBB5F9730DD1A1FEB4FFBECADA5BD5859FE051B，最后访问时间：2017 年 3 月 16 日。

国家食品安全风险评估中心开展其活动，主要是以风险监测、风险评估与风险交流等为内容开展的，涉及我国当前食品安全风险评估的实际现状以及具体业务的开展。目前，国家食品安全风险评估中心开展的风险评估活动主要包括制定与完善我国食品安全标准，清理我国现有的食品安全标准，以形成系统性的食品安全标准体系。同时，统筹与开展相应的风险监测活动，对于食品安全风险监测来讲十分重要。我国于 2009 年 6 月正式实施《食品安全法》（2021 年我国对《食品安全法》进行了修正），由国家卫生健康委员会负责制定、公布食品安全的国家标准，目前已会同有关部门成立了国家食品安全风险评估专家委员会、食品安全国家标准审评委员会，并发布实施了相关的管理规定。同时，全国食品安全风险监测体系也正在建立。我国于 2010 年通过了《食品安全风险监测管理规定（试行）》，第一次对食品安全风险监测进行了法律界定与约束。这样的实施现状对于促进我国食品安全风险监测具有重要的推动意义。国家食品安全风险评估中心给出了食品安全风险评估的定义，与此同时还制定了《食品安全风险评估工作指南》《食品安全风险评估数据需求及采集要求》《风险评估报告撰写指南》等一系列关于食品安全风险评估的法律规定以及操作规程。这样的规定有助于我们更好地实施风险评估等活动。对于风险交流来讲，其开展主要依靠相应的媒体活动，如通过中央电视台以及其他报纸、媒体等方式（如新媒体、自媒体等形式）开展食品安全风险交流。此外，还通过学术研究等活动进一步掌握最新的食品安全风险信息。这样的活动有助于我们更好地了解和掌握食品安全风险信息。此外，国家食品安全风险评估中心还积极地开展国际交流，强化对外交流与合作。这些活动有助于食品安全风险评估活动的开展与实施。其是一个有益的、客观上能提高工作效率并促进民主发展的有效手段。但一个制度如果要运转良好，不能仅仅依靠政府或其他管理部门，更重要的是在运行过程中得到相关公众的支持和信任。[1]

（二）食品安全风险规制对核能开发风险规制的启示

通过上述对我国食品安全风险评估立法以及实践的分析，我们可以寻

---

〔1〕 ［美］凯斯·R. 孙斯坦：《风险与理性——安全、法律及环境》，师帅译，中国政法大学出版社 2005 年版，第 333 页。

找到可资借鉴之处。

1. 确立风险评估主体

当前，我国食品安全风险评估活动是由国家食品安全风险评估中心来具体开展的：一方面，进行风险监测、风险评估与风险交流；另一方面，开展科学、实验室建设、出版物建设以及信息化建设等活动。在具体的风险评估开展过程中，一方面是加大相应的科学技术投入，促进风险评估水平的提升；另一方面是强化对食品安全风险的监测与交流。

考察我国食品安全风险评估的法律现状以及相应的操作经验，我们可以发现，当前我国食品安全风险评估在事实上可以部分满足现有的食品安全风险评估要求。一方面在于国家食品安全风险评估中心立足于自身的食品安全风险评估任务开展了具体的食品安全风险评估活动，这些活动对于促使我们更好地了解当前食品安全事业的现状以及具体的食品安全现状（特别是那些食品安全事故发生的原因以及具体发生的范围、产生的具体影响以及其他相关性内容）具有重要意义。另一方面在于通过具体的食品安全风险评估活动，促使公众更加清晰、准确地了解食品安全方面的信息，并积极采取措施，更好地应对发生在我国的食品安全问题。根据风险的科学性和综合性等特性，风险评估机关的组成人员应当具有专业性和多元性。这里的多元性既包括专业知识上的多元性，也包括利害关系调整上的多元性。[1]

从我国现有的食品安全风险评估实践来看：一方面，我们需要注意的是食品安全风险评估组成人员。从现有食品安全风险评估的人员组成来看，其主要包括医学、生物学、毒理学等多个涉及食品安全专业领域的专家。这些专家对于开展与落实我国食品安全风险评估具有重要的意义。但是，从具体的人员组成来看，相应的风险评估组成人员应当包括的心理学、社会学、法学、政治学等多个专业领域内的专家却尚未被纳入风险评估专家组。以专业领域的科学技术专家为核心组成的食品安全风险评估专家组对于具体开展风险评估活动，特别是从科学领域开展相应的活动具有重要的价值。由于风险评估的开展缺乏有效的社会科学方面的知识支持，导致评估专家组无法充分了解相应的食品安全风险问题、因素，进而无法

―――――――――――

〔1〕　王贵松：“风险行政的组织法构造”，载《法商研究》2016 年第 6 期，第 19 页。

全面掌握相应的信息。另一方面，从相应的风险评估活动来看，我国食品安全风险评估活动的开展主要包括风险监测、风险评估以及风险交流。这些内容构成了当前我国食品安全风险评估的核心内容，对于促进我国食品安全风险评估制度的完善具有重要的价值。但是，食品安全目标的实现，一方面需要强化食品安全风险评估以及食品安全风险交流，另一方面需要借助科学的风险决策来推动我国食品安全事业的发展。当前，我国风险规制的核心内容是风险沟通、风险评估以及风险决策。国家食品安全风险评估中心直接承担了风险评估的任务。由于缺乏承担相应的风险决策任务以及其他相关性活动的机构，仅由国家食品安全风险评估中心承担风险评估任务显然无法满足解决食品安全问题的现实需要。

从国家食品安全风险评估中心的地位来看，其是直属于国家卫生健康委员会的公共卫生事业单位。其集中了各个食品安全领域的专家。风险评估机构由国家卫生健康委员会设立，隶属于行政部门。同时，专家委员会委员由国家卫生健康委员会聘任，绝大多数均来自部委下属机构，评估事项由行政机关决定，使得专家委员会在很大程度上依附于行政机关。[1]此外，由于其直属于国家卫生健康委员会，直接承担了由相应行政部门交给的任务，虽然这些任务直接关系到我国的食品安全问题，但是却无法充分保障那些未被行政主管部门关注到的食品安全问题受到应有的关注。我国在应对食品安全风险问题的过程中对其需要特别给予关注。

从已经开展的食品安全风险评估的具体经验来看，我们需要坚持风险规制组织与人员的独立性。首先，坚持组织的独立性。在开展核能开发风险规制的过程中，需要坚持组织的独立性。既要坚持相应风险规制主体（特别是风险评估主体）的独立性，同时也要独立于风险规制（特别是风险评估）的具体开发主体，只有保障了风险规制组织的独立性，才能保障相应活动的科学性以及民主性，从而推动风险评估的科学性。其次，保障风险规制人员的独立性，需要保障相应主体的独立性，降低原单位、机构对相应人员的影响力。风险评估主体、风险管理主体应当由不同的机构承担，即两者的职能必须由不同的主体履行，以避免风险评估者和风险管理者有关职能的混淆或不清晰，从而避免"运动员和裁判员集中于一身"，

---

〔1〕 胥瑾："食品安全风险评估制度研究"，苏州大学 2014 年硕士学位论文，第 12 页。

减少或削弱利益冲突。这种规定实质上有利于确保风险评估结论的科学性与完整性。[1]最后，坚持风险规制人员组成的全面性。在风险规制过程中，需要保障风险评估、风险决策主体的全面性，从而保障相应风险规制主体的全面性。在风险规制主体组成方面，既要坚持涉及核能开发的技术专家的丰富性，同时也要保障涉及风险评估、风险决策的社会科学方面的专家（主要是指那些心理学、社会学、政治学、法学等多个领域的专家学者）在风险评估、风险决策过程中发挥其应有的作用。

2. 完善风险决策等规定

当前，我国《食品安全法》关于食品安全风险监测与评估的规定较为充足，直接规定了开展食品安全风险监测与评估的主体、对象、启动条件与程序等，同时也规定了风险监测与评估结果的法律地位，即作为"制定、修订食品安全标准和实施食品安全监督管理的科学依据"。这样的规定有助于国家食品安全风险评估中心依照法律规定开展食品安全风险评估，但是其中对于风险管理或风险决策的规定较少，不利于将风险规制、风险沟通、风险评估、风险决策作为一个统一的、全面的风险规制有机组成部分，也不利于我国食品安全监督管理部门依照法律程序开展相应的食品安全监督管理活动。因此，在针对风险规制进行规定时，在既有的风险评估规定基础上，也需要补充规定风险沟通与风险决策等方面的内容。

## 二、转基因生物风险规制的经验及启示

当前，我国已经开始强化对转基因技术的开发与研究，其中以转基因生物为主。在这个过程中，基于科学安全以及公众关注等问题，伴随着"方崔争论"的发生与演进，越来越多的公众开始关注转基因食品安全问题。为了更好地规制转基因风险，我国需要强化相应的转基因风险规制。

（一）我国当前针对转基因风险规制的法律规定及措施

我国转基因技术发展较快，相应的转基因产品开始在工业加工以及部分食物生产过程中得以应用。为了更好地促进我国转基因技术的发展，农业、科技、环境保护、卫生、外经贸、检验检疫等多个政府部门负责对转

---

[1] 肖可生："我国食品公共安全规制手段比较研究"，江西财经大学 2009 年硕士学位论文，第 38 页。

基因产品进行相应的监督与管理。我国针对转基因产品也开始出台相应的规范性法律文件，以更好地为转基因产品提供有效的法律支撑。

1. 当前我国针对转基因风险规制的法律规定

《食品安全法》（2021 年修正）、《种子法》（2015 年修订）、《农业法》（2012 年修正）、[1]《农产品质量安全法》（2018 年修正）、《产品质量法》（2018 年修正）、《进出口商品检验法》（2021 年修正）等多部法律均针对转基因生物进行了规定，同时还规定了法律执行主体，为促进转基因安全管理提供了有效的法律依据。只是这些法律规定仅简单地对相应的转基因产品安全进行了原则性规定，如何依据相关法律具体针对转基因产品开展相应的安全监督管理工作尚未得到明确。原农业部于 2001 年颁布了《农业转基因生物安全管理条例》，并于 2002 年 1 月颁布了三个配套规章，分别是《农业转基因生物安全评价管理办法》《农业转基因生物进口安全管理办法》和《农业转基因生物标识管理办法》。2014 年原农业部发布《关于进一步加强农业转基因生物安全监管工作的通知》；2015 年原农业部颁布《农业部 2015 年农业转基因生物安全监管工作方案》；2016 年原农业部印发《2016 年农业转基因生物安全监管工作方案》；2016 年原农业部颁布《农业转基因生物安全评价管理办法》。2018 年机构改革后，农业农村部也发布了相应的管理办法与监管工作方案，如《农业农村部办公厅关于印发2020 年农业转基因生物监管工作方案的通知》。这些文件的颁布与执行对于推动我国转基因生物安全监管工作（特别是安全评价工作）的发展具有重要的指导作用。

在这个过程中，以《农业转基因生物安全评价管理办法》为核心的部门规章规定了相应的农业转基因产品安全管理的法律主体以及相应的安全评价管理办法；成立了国家农业转基因生物安全委员会，由其负责农业转基因生物的安全评价工作。而对于相应委员会成员的选择，则规定由从事农业转基因生物研究、生产、加工、检验检疫、卫生、环境保护等工作的

---

〔1〕《农业法》第 64 条规定："国家建立与农业生产有关的生物物种资源保护制度，保护生物多样性，对稀有、濒危、珍贵生物资源及其原生地实行重点保护。从境外引进生物物种资源应当依法进行登记或者审批，并采取相应安全控制措施。农业转基因生物的研究、试验、生产、加工、经营及其他应用，必须依照国家规定严格实行各项安全控制措施。"

专家组成。这样的规定为我们开展农业转基因生物安全评价指明了相应的组织主体以及具体的实施主体。同时，在该管理办法中也规定了相应的安全评价等级、安全评价的程序、安全监控等内容。这些条文为转基因生物安全评价提供了法律支撑，对于我国转基因生物安全的评价具有重要的意义。

2. 我国当前转基因风险规制的措施

当前，我国针对转基因的安全管理已经形成了自己的管理体制。首先，安全管理主体的重点在于农业转基因生物安全管理部际联席会议制度。农业转基因生物安全管理部际联席会议由农业、科技、环境保护、卫生、外经贸、检验检疫等有关部门的负责人组成，负责研究、协调农业转基因生物安全管理工作中的重大问题。[1]而具体的农业转基因生物安全管理活动由农业农村部具体执行。这样的规定直接确立了相应的规制主体。相应的安全管理对象则包括：防范农业转基因生物对人类、动植物、微生物和生态环境构成的危险或者潜在风险，其主要是借助安全管理评价活动进行的。安全评价管理办法具体规定了适用于安全评价的对象、内容以及具体的程序，同时还包括相应的法律责任等方面的内容。此外，国家质量监督检验检疫总局也相应地出台了《进出境转基因产品检验检疫管理办法》。该办法规定了转基因产品进出我国国境、边境的具体使用条件以及相应的管理办法，直接为保障我国转基因产品安全进出境提供了相应的法律依据。这些内容有助于保障我国转基因产品的安全。

第一，信息公开制度。当前，在相应的转基因产品安全评价完成之后，相关主体需要及时向社会公开安全评价结果。在这个过程中需要建立相应的信息公开制度，借助信息公开，我们可以更好地开展安全管理工作。第二，转基因标识制度。我国已经规定了食品标识制度，相应的内容在《食品安全法》以及相关食品标识制度中都能找到依据。[2]转基因标识

---

〔1〕《农业转基因生物安全管理条例》第 5 条规定："国务院建立农业转基因生物安全管理部际联席会议制度。农业转基因生物安全管理部际联席会议由农业、科技、环境保护、卫生、外经贸、检验检疫等有关部门的负责人组成，负责研究、协调农业转基因生物安全管理工作中的重大问题。"

〔2〕 GB7718-2011《预包装食品标签通则》，GB13432-2004《预包装特殊膳食用食品标签通则》，GB10344-2004《预包装饮料酒标签通则》，而其中，GB7718-2011《预包装食品标签通则》第 4.1 条明确规定了转基因食品的强制标识要求。

制度的实施，可以让消费者更加清楚其所购买的产品是否为转基因产品，从而为自己的选择提供相应的信息基础。第三，安全评价制度。当前，我国对于转基因产品安全方面的安全管理措施主要是借助于安全评价制度。[1]首先，确立了相应的安全评价组织主体，同时也规定了相应的操作程序，即首先是成立相应的安全科学技术评价主体，由相应的主体实施具体的主体活动，[2]并将相应的安全评价结果作为安全管理的基础。这样的行为直接关系到法律的执行。安全评价制度主要包括以下内容：转基因食品外源基因表达产物的营养学评价、毒理学评价、外源因水平转移而引发的不良后果及其他可能的不良后果，[3]以及危险等级的具体划分、四个等级之间的标准偏差异和其他需要评价的内容。规制者应在风险评估基础上，通过合理选择规制机制和措施，从整体上实现资源的优化配置。[4]

（二）我国转基因风险规制的经验与启示

通过对当前我国转基因安全管理措施、其他相关配套法律规定以及法律执行情况的考察，我们发现，我国转基因安全管理已经形成了一整套自己的做法，可以为我们核能开发的风险规制提供一定的借鉴与参考。

1. 强化公众参与原则

公众参与能够有效辅助风险规制主体更好地了解相应的内容以及方法方式，因此需要进一步强化相应的公众参与活动。公众在参与转基因食品法律规制活动时，相应的监督管理部门以及社会团体要引导、培养公众的积极参与意识、法律意识，并发扬民主精神，针对特定的问题共同协商，从而使政府、专家、公众有机、有效地结合起来，最终确立相应公众在转

---

〔1〕《农业转基因生物安全管理条例》第7条规定："国家建立农业转基因生物安全评价制度。农业转基因生物安全评价的标准和技术规范，由国务院农业行政主管部门制定"。

〔2〕《农业转基因生物安全管理条例》第9条规定："国务院农业行政主管部门应当加强农业转基因生物研究与试验的安全评价管理工作，并设立农业转基因生物安全委员会，负责农业转基因生物的安全评价工作。农业转基因生物安全委员会由从事农业转基因生物研究、生产、加工、检验检疫以及卫生、环境保护等方面的专家组成。"

〔3〕余潇、邱超、吕星："构建转基因食品安全评价新体系"，载《中国水运》2007年第7期，第262页。

〔4〕Julia Black, "The Emergence of Risk-Based Regulation and the New Public Risk Management in the United Kingdom", *Public Law*, No. Autumn, 2005.

基因法律规制中的重要地位和作用。[1]在转基因生物风险规制过程中，需要强化相应的公众参与制度，为公众有效参与转基因风险规制活动创造条件和机会，并保障相应公众参与的实效，以发挥公众在转基因风险规制方面的作用。这些教训是明确的，并促使人们认识到，相关主体在就某些类型的风险（尤其是由新技术引起的复杂灾难性风险）作出决策时，需要更多的公众参与。人们认识到需要更大程度的公众参与，才能创造新的法律权利，并发展出积极的参与性决策过程。[2]需要形成政府、专家和社会公众等多元主体共同参与的治理格局，经过充分的商谈沟通，形成对转基因生物安全等问题的共识或主流看法，并以这种认识作为相关政府决策的基础，实现代议制民主和参与式民主的有机结合，进一步增强公共管理的正当性与合法性，更好地维护和促进环境正义。[3]可设置开放性的、广泛参与的风险管理程序，如决策前的公众参与、决策中的相关信息公开、决策后的说明理由以及对决策执行的跟进分析和反思、对决策或措施的适当纠正或调整，进而完善公众参与转基因食品安全风险评估、立法决策的途径方法。[4]

2. 强化信息公开制度

转基因产品的安全性问题直接关系到转基因管理方面的问题。同时，公众了解和掌握相应的转基因安全方面的信息问题，需要依靠信息公开等活动。而在相应的管理活动中，信息公开是保障安全管理目标实现以及相关管理活动开展的重要措施。对于风险交流来讲，我国目前的转基因农作物管理体制（特别是相关法律规定中）缺乏这方面的规定，而缺乏相关的法律规定又恰恰是信息敏感风险产生的根本原因。[5]

---

〔1〕　罗承炳、邵军辉：《转基因食品安全法律规制研究》，吉林人民出版社 2014 年版，第129 页。

〔2〕　Julia Black, *The Role of Risk in Regulatory Processes*, The Oxford Handbook of Regulation, Oxford, 2010, p. 31.

〔3〕　王明远、金峰："科学不确定性背景下的环境正义——基于转基因生物安全问题的讨论"，载《中国社会科学》2017 年第 1 期，第 142 页。

〔4〕　陈莹莹："中国转基因食品安全风险规制研究"，载《华南师范大学学报（社会科学版）》2018 年第 4 期，第 127 页。

〔5〕　王海航："转基因农作物风险的法律规制研究"，西南政法大学 2015 年硕士学位论文，第 13 页。

3. 强化安全评价制度

安全评价制度的规定与实施是我国当前针对转基因开展管理活动的重要内容，其直接关系到转基因产品的后续管理活动，也是推动我国转基因发展的重要保障制度。因此，我们需要从相应的安全评价主体、安全评价对象、安全评价程序等方面进行考察与借鉴。安全评价是保障转基因安全的重要管理措施。在借鉴与学习相应内容的过程中，我们首先要确立较高级别的管理主体，特别是相应的行政管理部门。此外，还需要特别关注相应的安全评价的对象、内容、程序等。安全评价制度是转基因食品安全管理的重要前提条件，只有在法律规定中明确安全评价制度，才能有效地对转基因食品进行监督管理。建立安全评价制度，可以从客观上为转基因食品安全监督管理部门提供强有力的技术支持与法律保障，同时也能够从事实上推动有关监督管理部门对转基因食品研发及转基因食品其他的生产阶段的有关活动与相应结果进行科学的评估与预测，从而便于进行风险防控，以最终防止不安全的转基因食品给消费者带来各种不良影响甚至严重损害。〔1〕此外，需要特别注意的是，在安全评价过程中，需要将人文社会科学专家纳入其中，特别是那些熟悉和了解法律规定（尤其是熟悉转基因生物安全评价法律法规）的专家。〔2〕

4. 强化风险沟通与风险决策

风险沟通是达成相应风险告知的重要措施，而相应的风险决策是保障更好地实现安全目标的措施。因此，在核能开发过程中需要强化风险管理活动，并实现其更好地开展。转基因食品风险交流制度为消费者与政府的交流与沟通提供了一个有效的通道，同时，政府也会向消费者进行宣传，对转基因食品的生产者、经营者进行监督和管理。因此，风险交流制度的建立是转基因食品风险评估体系中不容忽视的内容，它的建立

---

〔1〕 罗承炳、邵军辉：《转基因食品安全法律规制研究》，吉林人民出版社 2014 年版，第 125~126 页。

〔2〕 按照农业农村部的要求，农业转基因生物安全委员会委员资格要求包括"四、具有转基因生物技术研究、食品安全、植物保护、环境保护、检验检疫等一项或多项专业背景，熟悉转基因生物安全评价法律法规；五、身体健康，热心转基因生物安全评价工作，本人自愿且能够保证履行委员各项义务"。因此，需要特别明确的是相关专家组应当熟悉法律法规。"农业农村部关于第五届农业转基因生物安全委员会组成人员名单的公示"：载农业农村部：http://jiuban.moa.gov.cn/fwllm/hxgg/201606/t20160612_ 5167236. htm，最后访问时间：2020 年 8 月 17 日。

和完善在客观上有助于推动转基因食品安全信息预警体系的建立。[1]强化风险沟通与风险决策的内容以及相关法律制度的程序构建对于更好地建立转基因生物安全风险规制制度具有良好的推动作用，而这些内容在核能开发风险规制活动中同样需要得到重视。风险沟通计划评估标准的详细清单包含三组内容。第一组指的是消息的实际内容：①所传输信息的实质正确性，即各个行为者对给定风险所说的到底是否正确？②信息的完整性，即是否一切都说得很重要？③信息的相关性和实用性，即目标受众可以利用这些信息吗？④信息的可理解性，即信息是否可以理解为没有大量的专业知识？⑤信息来源的可信度，即目标受众会期望行动者的诚实程度最低吗？第二组标准为处理沟通过程的有效性：①参与各方之间的建设性互动；②到达相关目标群体；③与消费者的回馈可能性/对话。第三组标准是指通信程序所针对的消费者变量，即哪些尺寸将受到影响？我们将研究四个可能的领域：①知识的增加；②问题意识和参与度；③积极的评估/态度变化；④对信息源的信任。前两个是认知领域，后两个是情感领域。这里的中心问题是：您是否要更改目标受众的想法或感受？[2]

### 三、现有风险规制对我国核能开发风险规制的启示

当前，在我国，法律（特别是《食品安全法》）明文规定要开展风险评估活动，并将风险评估结果作为强化食品安全监督管理的依据。风险评估是开展风险规制的前提性活动，同时也是风险规制活动的重要组成部分。因此，分析与借鉴我国食品安全风险规制以及转基因生物风险规制领域的经验与教训，对于推动我国核能开发的风险规制具有重要的参考价值。

（一）完善相关法律原则与制度

首先，落实公众参与原则。公众参与是指推动相应的公众参与信息沟通以及信息决策，并发挥公众在相关环节中的作用。当前，我们在风险规

---

〔1〕　罗承炳、邵军辉：《转基因食品安全法律规制研究》，吉林人民出版社 2014 年版，第128 页。

〔2〕　B. Rohrmann, "The Evaluation of Risk Communication Effectiveness", *Acta Psychologica*, 1992, Vol. 81, 169~192.

制领域要促使相应的公众参与到相关环节之中并发挥作用。坚持公众参与原则在风险规制中的应用，首先可以保障相应公众了解和掌握有关风险规制活动的信息；其次，有助于促使公众参与到相关的风险规制活动之中，主要是风险沟通以及风险决策环节，并发挥其在这些活动中的作用；最后，使公众参与到风险规制活动中，推动其借助自己的参与行为来维护自身合法权益。在落实公众参与原则上，需要进一步明确相应的公众参与主体、参与环节（特别是参与程序）等方面的内容，并反复地就相关内容进行进一步的实验—反馈—总结—改进，从而努力落实公众参与原则。

其次，强化信息公开制度。基于现有的食品安全风险规制、转基因风险规制的具体要求以及食品安全方面的现实要求，我国需要强化相应的信息公开制度。在风险沟通、风险决策环节，通过信息公开，使政府监督管理部门以及公众掌握到相应的信息，并充分发表自己的观点，有效地维护自身合法权益，最终在风险决策环节发挥自身作用，从而减少由信息不对称以及信息缺乏等因素造成的风险决策不科学问题。在信息公开过程中，需要努力实现由相应的信息持有主体按照法律规定的程序主动进行信息公开及依申请发布相关信息，从而为后续的活动提供有效的前提。

（二）构建系统化的风险规制程序

（1）风险识别。传统的食品安全风险评估以及转基因食品安全风险评估的区别，主要在于内容本身的不同。传统的食品安全风险评估主要是针对食品的物理、化学等方面的内容以及安全性的评估，而对于转基因食品的风险评估，则更强调其在产业化、商业化后经过较长时间的人体试验所呈现出来的各种食品安全风险问题。由于转基因食品相关许可证的颁发与许可需要立足于相应的科学证明来确保其在安全性以及食品性质方面的安全性实质等同于传统食品，而这也恰恰是转基因食品安全风险评估的重要内容。由于传统食品与转基因食品或者转基因生物在风险要素以及风险要素表现方面存在差异，因此识别与确认风险要素对于食品安全以及相关活动的开展具有重要的意义。从这个角度来讲，识别我国核能开发过程中的风险要素并对这些要素进行风险评估具有重要的前提作用。

（2）风险评估。当前，为了保障食品安全目标的实现，我国在相关法律中明文规定了食品安全风险评估的内容。对于转基因生物或者转基因食品来讲，按照相关法律条文的规定，同样也需要开展相应的食品安全评估。不同的是食品安全风险评估专家人员的组成。这是因为传统的食品安全与转基因食品在性质上存在不同，而正是这些不同导致了相应的食品安全风险评估实施主体不同。在食品安全风险评估中，风险评估的具体实施主体是国家食品安全风险评估中心，其由相应的风险评估专家组成，并按照相应的职能开展风险评估。其开展风险评估的起因一方面是部委交办的食品安全风险评估任务，另一方面是自己发现的食品安全风险问题。在国家食品安全风险评估中心，负责承担食品安全风险评估任务的是由食品专业领域的专家以及其他相关领域内的专家共同组成的食品安全风险评估小组，其按照相应的食品安全风险评估程序开展相应的风险评估活动。而针对转基因生物安全的风险评估来说，其在评估主体以及具体的风险评估程序方面与传统的食品安全风险评估存在着差异。因此，在这个环节中，确立相应的评估主体以及评估模型、程序是保障核能开发风险评估的科学性、有效性的重要因素。

（3）风险沟通。由于食品安全直接关系到公众的日常生活健康问题，在相应的食品安全风险规制过程中，需要将相应的食品安全风险评估结果、转基因生物安全风险评估结果以及相关的食品安全、转基因生物信息及时通过信息公开等程序向公众进行告知，并通过设置食品安全风险评估程序（特别是在其中设置公众参与的通道及途径）保障相应公众能够参与到相应的食品安全风险评估活动之中。同时，对于风险沟通以及风险决策等程序，虽然当前我国食品安全方面的决策依然是由相关的行政主管部门承担，但普通公众可以借助食品安全信息的公开以及自身的参与活动自由地表达自身观点，并影响相应的决策活动。只有进行充分的风险沟通，让更多的公众了解和掌握相应的风险信息，才能促进风险规制的民主化。而这一点在核能开发风险规制过程中同样需要获得重视。

（4）风险决策。风险决策是风险规制中极为重要的一个环节。其任务与目标在于基于风险沟通活动的开展，由风险决策主体针对食品安全风险要素开展相应的风险决策活动。主要是针对相应的风险评估报告以及相应的替代性要素进行选择，以期降低风险发生的概率以及减少可能造成的损害。只有开展良好、科学的风险决策活动，我们才能在核能风险决策环节取得良好的效果。

通过对我国当前食品安全风险规制以及转基因生物风险规制的立法以及相关执法活动的考察，我们发现，在相关的风险规制过程中，公众参与原则以及信息公开制度与其他的原则制度共同对推动风险规制的开展发挥重要作用。此外，风险规制框架的搭建——风险识别、风险评估、风险沟通以及风险决策——对于科学认识我国当前食品安全领域以及转基因生物领域内的风险规制活动的开展具有积极的指导意义，其为我国相关领域风险规制活动的开展指明了方向以及操作路径。这些内容可以为我国核能开发的风险规制发挥启示作用。

## 本章小结

随着核能的开发利用，核能开发风险也在逐渐显现，为了更好地应对这个潜在的风险性问题，我们需要采取有效措施。当前，考察其他国家（诸如美国、俄罗斯、德国、英国等），在规制核能开发过程中均形成了自己独特的法律体系，同时也设立了监督管理部门，并在相应的监督管理过程中制定了有关核能开发风险规制的规范性文件。与此同时，将相应的风险规制在现实中加以应用与实践，对于降低核风险，实现核安全具有重要的意义。此外，我国在食品安全领域以及转基因生物领域所积累的经验与教训也可以为我国核能开发风险规制提供有益的参考。我们在确立与完善核能开发风险规制方面的原则、制度以及具体的风险规制程序等方面内容时，可以参考与借鉴国外核能开发风险规制和当前我们已经开展的食品安全风险规制以及转基因生物安全风险规制的经验，并根据我国核能开发的现实条件完善我国核能开发风险规制的具体内容，为我国核能开发风险规制制度的建立与发展奠定基础。

第五章

# 我国核能开发风险规制完善的路径

化学品、制药、转基因生物、干细胞研究、核电，甚至金融工程都推动了风险监管制度的发展。因此，在许多法规领域，人们都熟悉"基于风险的政策制定"，即法规旨在将健康、环境或财务状况的风险降至最低。[1]

核能的开发利用技术水平的提升在给人类带来巨大利益的同时，也因核武器的存在与使用以及核能开发利用潜在破坏性风险的存在而将人类置于不安全的境地。人类在开发利用核资源的同时也在采取措施应对核风险。随着科技水平的提升，人类对自然界的认识能力也在提升，但事实上，科技深刻地影响着人类生活的水平与质量。在这种情形下，法律开始逐渐关注科学技术的发展。在这个过程中，科技法学得以出现和发展。在科技法发展过程中，相关的科技法律制度所追求的安全价值的内容包括防止科学技术本身的不确定性、高风险性以及应用科技所产生的副效应给人类、环境带来威胁及危害，从而在实质上起到一种兴利除弊的作用。[2]就核能而言，在作出判断时必须考虑多种不同的风险，重要的是当代和后代的安全性以及短期和长期的安全风险。[3]核电项目的风险治理应该从多元主体风险感知差异的视角追溯其风险判断与行为发生的机理，广泛听取各利益主体的风险担忧与利益要求，规范风险宣传、深度访谈、民意调查等获取风险感知的途径，以便全面、准确地掌握各利益主体的风险感知与冲突行为倾向，进而提出有针对性的核电项目风险治理方案，实现核电项目

---

〔1〕 Julia Black, *The Role of Risk in Regulatory Processes*, The Oxford Handbook of Regulation, Oxford, 2010, p. 3.

〔2〕 薛现林："科技法律制度基本价值原则探讨"，载《华中科技大学学报（社会科学版）》2004年第5期，第75页。

〔3〕 B. Taebi, "The Morally Desirable Option for Nuclear Power Production", *Philosophy and Technology*, 24：169~192.

潜在风险与冲突的源头治理。〔1〕

这种情形同样存在于我国核能开发风险规制的过程中。在应对核安全问题时，强化风险管理制度对于提升我国核能开发风险规制能力，特别是在核能发展过程中实现核安全目标具有至关重要的作用。因此，我们应从法律的角度对核安全的风险规制进行系统性的研究。让公众切身感受到核能发展是安全的，提高公众对核能开发利用的信任度和风险承受能力，减轻公众的"恐核、惧核"心理，切实采取措施确保公众人身财产和环境的安全。〔2〕

## 第一节　我国核能开发风险规制理念的确立

在核能开发风险规制构建过程中，需要确立专门的法律理念，以对风险规制活动的开展起到相应的指导作用。

首先，法治化理念。当前我国针对风险规制（特别是风险评估）已经颁布了多部法律，要求相应的法律关系主体针对特定的目标开展风险评估，并将风险评估的结果作为法律以及相关决策制定以及执行的依据。但是，针对核能开发，特别是核安全，现有的《核安全法》（以及从草案到《核安全法》所体现出来的法律起草以及颁布过程中相关内容的变化等）虽制定有针对核设施选址科学评估的规定，然而仅靠一条规定是难以满足核能开发对风险规制的现实要求的。因此，我们应当坚持法治化理念，通过相应的条例等规范性法律文件来满足核能开发风险规制的法律要求。此外，还应当通过法治理念的指导，设计符合法治化理念要求的核能开发风险规制程序，从而促使核能开发风险规制活动在开展过程中符合法治理念的要求，即主体、程序、内容等符合法治化的基本要求。借助符合法治基本要求的风险规制内容、主体，保证相应内容符合我国法律建设的发展和需要。与此同时，在法治化发展的指导下，我国还应借助系统性法律程序

---

〔1〕　朱正威、王琼、吕书鹏："多元主体风险感知与社会冲突差异性研究——基于 Z 核电项目的实证考察"，载《公共管理学报》2016 年第 2 期，第 104 页。

〔2〕　汪劲、张钰羚："我国核电厂选址中的利益衡平机制研究"，载《东南大学学报（哲学社会科学版）》2018 年第 6 期，第 90~96 页。

的设计，保障相关核能开发风险规制活动的有序、有效，符合法律程序的要求，从而更有效地发挥作用。

其次，程序化理念。由于目前的风险规制活动属于科学与民主共同发挥作用的规制方式，因此，为了保障风险规制效果的科学性、准确性，我国在开展风险规制活动时需要遵循程序化理念。风险规制的程序主要包括：风险识别、风险评估、风险沟通以及风险决策。这个程序对于识别核能开发过程中出现的风险以及开展后续的风险评估、风险沟通、风险决策具有重要的指引作用。为了保障风险评估的准确性以及风险决策的科学性、民主性，风险规制主体需要在开展相应风险规制活动过程时坚持程序化理念，即要求其所开展的风险规制活动以及总体的风险规制活动程序化、有序化，从而保障风险规制活动的完整化、科学化。风险规制（特别是风险评估和风险决策）的开展，需要借助专业知识。此时，为了更为有效地保障风险决策结果的科学性与可接受性，需要借助法律程序的科学性以及程序性理念。

最后，安全性理念。为了更好地实现核安全目标，需要将以"核安全"作为以核能开发为法律调整对象的法律文件体系以及其他相关法律的基本法律理念在核安全立法以及法律实施环节中加以明确，从而更好地强化与推动核安全目标的实现。这是因为，从法律的价值体系的组成部分以及价值顺序排列、价值衡量的角度看，生命安全价值处于整个法律价值体系的最高位阶，在针对特定价值进行衡量分析时，安全价值优于效率价值及其他法律价值；从实践的角度看，核能技术的开发内容包括核安全技术的研发，而在具体的技术开发与应用过程中，提高核能技术有助于实现核安全，与此同时，核安全保障任务的实现和执行并不排斥相关核技术研发，在保障核安全的基础上，核安全技术的开发与应用可以促进核能技术的开发与利用。安全价值与效率价值皆具有正当性，当二者发生冲突时，在核能开发方面，与技术发展和应用所带来的经济利益相比，结合人类社会的发展需要，我们可以发现安全利益实质上较经济利益更具有紧缺性，因此，在核能开发监管方面的制度设计上应当更加倾向于对安全利益的保护。[1] 基

──────────

[1] 刘画洁："我国核安全立法研究——以核电厂监管为中心"，复旦大学 2013 年博士学位论文，第 100 页。

于此，最终我们需要对核能系统安全进行理念革新，即人类对核能开发的安全期望来源于社会、发展于技术，并最终回归服务于社会，安全目标的内容与实现要从技术重新走向社会。[1]在核能开发风险规制过程中，我国坚持安全性理念，追求安全目标，并主导相应风险规制活动的开展。与此同时，从国家安全的角度出发，我国应对相关的核安全进行准确定位并将其纳入国家安全体系，借助核安全的发展以及其他涉及国家安全的保障措施，最终为在法律体系上确定核安全目标的地位以及实现法律目标提供有效的前提和依据，以此来进一步推动安全理念的确立。

## 第二节　我国核能开发风险规制原则的完善

### 一、预防原则

核能是一把"双刃剑"。在核能发展过程中，核能的开发与利用既有可能毁灭世界，也可能为人类提供一种清洁、稳定、高质量的能源。在特定情况下，核风险事故是自然风险与社会风险相互叠加、相互作用的产物。

随着人类科学技术的应用以及在开发过程中人为因素、自然因素等多种力量的共同作用，我们在努力实现核安全目标的同时，也需要清醒地认识到我们无法百分之百地保障核安全，因此我们在实现核安全时需要特别关注核能开发利用活动存在的潜在风险要素。为了更好地应对核能开发风险问题，并预先采取有效措施去预防和治理核风险问题，我国需要按照风险预防原则的内容及具体要求开展相应的活动。预防原则是指相应的核能开发主体在实施过程中需要按照法律规定，预先采取措施以应对核能开发的风险问题。在这个过程中，由于不同的核能开发风险规制主体（即核能开发利用主体与可能受到核能开发利用影响的相关主体）在应对核风险过程中存在实力差异，因此，为了更好地应对核风险，我们需要针对不同的核风险确定相适应的核能开发风险规制主体，并结合其自身实际条件采取

---

[1] 吴宜灿："革新型核能系统安全研究的回顾与探讨"，载《中国科学院院刊》2016 年第 5 期，第 569 页。

有效措施，以更好地应对核风险。同时，也应特别注重结合风险预防原则的内容要求，特别是对核能开发风险规制过程中所面临的具体情况进行分析与论证，从而更好地按照风险预防原则开展相应的核能开发风险规制活动。预防原则是一些监管机构在不同程度上采用的决策规则，旨在为确定社会和政府应如何应对风险提供稳定的基础。[1]预防原则是基于一定程度的以科学技术为基础的针对特定问题进行合理怀疑，在已经取得相应进展的基础上进而采取预防性措施来降低甚至是避免风险的产生。[2]为了应对这种风险可能带给我们的风险性损害，基于这些原因，我们需要采取具有预防性质的风险规制措施，预先设置相应的规制措施，并在核能开发利用过程中予以强化性应用，从而尽可能避免由核风险存在及发生造成的损害。预防原则是环境监管使用的一种关键方法，旨在采取措施来防止将来可能发生的有害事件。在管理环境风险时，组织应考虑与对环境行为方式的理解有关的不确定性，以及了解短期和长期人类行为的好坏方面的不确定性。[3]风险社会中的决策者管理风险的最大困难之一便是克服不确定性，因此发展出了"预防性原则"。[4]风险预防原则是决策的核心要素，将其引入环境风险规制系统能够为规制者提供一种推论工具，增加信息量及提高信息分析的质量，提醒决策者和公众防范不确定的未来风险，具有重要的指引价值。[5]

当前，《环境保护法》在基本原则里确立了预防原则，并将预防原则作为《环境保护法》的重要原则之一，以发挥预防原则在环境保护中的重要作用。从环境保护的范围来讲，实现核安全目标也是环境保护的重要内

---

　　〔1〕　Julia Black, "The Role of Risk in Regulatory Processes", Oxford Handbooks Online, http://www.oxfordhandbooks.com/view/10.1093/oxfordhb/9780199560219.001.0001/oxfordhb-9780199560219-e-14? print=pdf.

　　〔2〕　高秦伟："论欧盟行政法上的风险预防原则"，载《比较法研究》2010年第3期，第56页。

　　〔3〕　Jon Foreman, *Developments in Environmental Regulation*: *Risk Based Regulation in the UK and Europe*, Gewerbestrasse, Switzerland, Springer International Publishing AG, 2018, p.262.

　　〔4〕　梁世武："风险认知与核电支持度关联性之研究：以福岛核能事故后台湾民众对核电的认知与态度为例"，载《行政暨政策学报》2014年第58期，第50页。

　　〔5〕　李巍："科学不确定性视镜下环境正义的实现进路"，载《领导科学》2018年第26期，第13页。

容之一。此时，我国在核能开发利用过程中需要明确相应的预防原则。然而，在现实运行过程中，由于核能具有高科技、高风险特征，为实现核安全目标，我们需要借助各种高科技手段与措施，以便进一步降低核损害发生的可能性以及可能造成的损害。与此同时，为了降低核能损害发生的可能性或者发生风险的可能性，我国需要强化对预防原则的应用。但是，当我们比较分析预防原则和风险预防原则时，可以发现，从其内容上来说，风险预防原则关注得更多的是那些可能造成损害的自然资源开发利用行为在实施过程中以及实施后可能带来的风险问题。而预防原则关注得更多的则是自然资源开发利用行为在实施过程中以及实施后带来的不良环境影响，并且是根据相应不良行为在预防原则的指导下实施相应的预防与补救活动，从而降低对环境的不良影响。针对于此，特别是针对代表了高科技发展前沿的核能开发利用，在开发利用过程中，一方面可能会直接因施工不当而造成直接的不良环境影响及后果，另一方面则是在后续核能开发运行过程中基于自然、人为因素而给环境带来风险和不良影响。为了能够有效地解决核能开发利用过程中可能产生的环境风险问题，我们需要确立风险预防原则并在核能开发利用过程中加以有效运用。

依照风险预防原则的要求：首先，在核能开发风险规制过程中，需要确定实施主体，即核安全监管部门以及核能开发利用行为的实施主体。按照风险预防原则的要求，相应的主体需要预先采取一定的措施，针对核能开发利用行为中可能存在的风险问题进行预防性处理。例如，欲实施核能开发利用行为，需要满足的前提条件包括核设施选址、建设许可证以及其他方面的前提性要求（如安全操作员的资质等）。通过这些前提性条件的设置就核能开发有关的预防性措施进行规定。其次，需要明确预防措施的内容。在这个环节中，预防性的措施主要是针对核能开发利用中可能导致风险发生的行为，事先了解相应的信息以及其他基础性信息，从而有针对性地采取措施。最后，预防的目标在于减少、降低风险发生的可能性以及可能造成的最终损害。在核能开发利用过程中，需要将风险预防原则在风险规制的整个活动以及各个环节中加以应用，从而达到预防原则的最终目标。以此，我们应当就核安全风险规制的目标结合风险预防原则的要求在法律上进行相应的安排。

## 二、及时性原则

在对核能开发实施风险规制的过程中，特别是在风险规制的各个环节，均需要明确规定与应用及时性原则。这个原则既包括在日常核能开发风险规制过程中的应用，同时也包括在核风险转变成核事故、突发性安全事件，以及突发事件应对结束后、核事故发生后相关活动中的应用。在核能开发风险规制过程中，相关主体应遵循及时性原则，在核能开发利用的各个环节（包括设计、选址、建设、试运行以及运行、退役整个环节）都需要特别关注该原则的应用。及时地对在这些环节中可能出现的核能开发风险进行风险规制，通过风险沟通、风险评估以及风险决策等活动来预防并降低核风险发生的概率。与此同时，强烈的核辐射在于短时间内、特定范围内给核事故发生地周边的生态环境带来严重的污染与破坏的同时，也会给周边的人群生命、健康、财产安全带来严重的损害。此外，核风险一旦转化成事故，必将会给周边环境以及人群造成巨大的人身健康、财产安全方面的损害以及严重的环境污染问题。此时，我们应采用及时性原则，及时介入核事故，以期将损害降低至最低限度。从这些角度来讲，及时性原则会在保障核安全方面发挥重要作用。因此，应当在核能开发风险规制活动中遵循及时性原则。由于核能开发科学技术性较强，尤其是在相应核能开发技术被投入使用后，核能开发所具有的风险转化为现实的风险将会在极短时间内发生。因此，在应对风险的过程中，特别是在风险规制过程中，需要采纳及时原则，及时地开展相关的风险规制活动，特别是风险沟通以及风险评估活动，及时地向有关的主体（如政府、相关企业、公众）公布相关信息并开展相应的活动，从而满足风险沟通的要求以及达成风险规制的目标。

此外，及时性原则也是行政法的基本原则之一。作为保障核安全目标实现的风险规制活动，其需要严格按照程序来实施。此时，欲保障相关风险评估、风险沟通等活动的有效性，需要严格按照法律规定的要求及时地开展各种活动，积极征求相关意见和建议，特别是在开展信息公开、公众参与等活动时，更是需要及时地对相关信息进行公开，并征求相关公众的意见和建议，为后续的风险沟通与风险决策等活动创造有利的前提。这些内容可以为后续环境风险规制以及环境风险治理提供有效的前提和基础。在风险评估环节中，需要及时、准确地就可能产生风险不良后果及影响的涉及核能开发利用活动的行为从风险评估的角度进行相关的评估，并将评估结果作为后续决策活动开展的相关资料。此时，针对相关的风险评估，需要严格按照及时性原则，特别是对在开展风险沟通活动时新征集到的或者收集到的可能会对核能开发利用产生影响的行为进行及时、有效的评估，以保证风险评估的全面性、及时性和准确性。此外，《核安全法》针对核应急、信息公开也明确了及时完成相关活动的要求。这也是对及时性原则的重要体现和落实。

### 三、公众参与原则

根据《环境保护法》的规定，我国企事业单位在开展特定的行为时（如依照法律规定实施的环境影响评价），需要按照法律规定的程序、方式等要求组织实施相应的信息公开，同时鼓励公众积极参与到环境保护之中。公众参与是指公众除了一般的政治参与外，还必须包括所有关心公共利益、热心公共事务管理的人的参与和根据现实要求推动决策。公众参与风险规制的需求源自公众对专家的不信任，对规制决策者实施决策的依据以及其他相关因素的不信任，这些因素导致当下人们相信大多数重要的严峻的风险规制问题如果仅仅依靠专家，相应问题最终是无法解决的。[1]在核能开发利用过程中，核能开发利用主体需要针对核能开发利用行为可能导致的潜在损害对处于核设施周边的地区且可能受到核能开发利用行为影响的公众进行信息公开，通过主动召开听证会、论证会等方式征求相关公众就有关主题所持有的观点、意见和建议等，以便更好地实现核风险的预防与治理任务。按照法律文件针对公众参与的规定以及实施公众参与原则的要求，相应的核能开发利用主体需要针对特定的环节与过程鼓励公众主动参与到相关活动之中，以便发挥公众在预防与治理核能开发风险过程中的作用。此外，我们还应当积极按照"制定核与辐射安全公众参与管理办法，规范核安全重要政策、法规制定发布以及核与辐射建设项目环境影响

---

[1] [美] Thomas O. Mcgarity："风险规制中的公众参与"，载金自宁编译：《风险规制与行政法》，法律出版社 2012 年版，第 228 页。

评价的公众参与工作，明确公众参与的环节、程序、组织形式，加强对公众参与情况的监督审查。建立核电厂址选择的公众参与制度"的要求来完善公众参与。[1]此外，还需要研究公众对相应技术风险接受度的特征，并加强宣传，结合核工业的现实发展，建立符合核工业现实的安全文化，以便消除公众对核能开发的疑虑和担忧。[2]

目前，我国已经颁布了《环境影响评价公众参与办法》《重大行政决策程序暂行条例》等一系列法规或条例，对于信息公开和公众参与作了明确规定。《核安全法》第五章"信息公开和公众参与"也对此作了详细规定，明确了公众参与是建设重大项目的必经之路。[3]对此，我国应当坚持"中央督导、地方主导、企业作为、公众参与"，落实责任，完善机制，强化公众沟通，依法保障公众的知情权和参与权。[4]

公众正式参与的目标是在受专业知识、权力和价值观影响的不同群体之间就相关的信息、知识、观点和偏好进行交换并帮助他们找到共同点。当选官员、政府机构以及其他的公共或私人机构通常会通过相关组织、一般公众与专家就特定重要的与科学相关的事项进行讨论。实现有效的公众参与是十分困难的。为此，我国要逐步引入公共参与机制，加深核电建设公众参与程度，特别是在重要决策制定过程中，可以通过民意调查、座谈会、听证会等方式让公众参与到核电项目的建设过程中。[5]在公众参与过程中，应认真响应公众特别是利益相关者的疑问、忧虑。要注意区分拥有不同文化背景、知识水平的人群，采用适合的公众参与方式。要关注公众

〔1〕 "核与辐射安全公众沟通工作方案"，载国家核安全局：http://nnsa.mep.gov.cn/zhxx_8953/tz/201603/W020160314542160999798.pdf，最后访问时间：2016年10月20日。

〔2〕 IAEA, Developing Safety Culture in the Nuclear Activities, Vienna: IAEA, 1998.

〔3〕 孙浩："如何增强风险沟通中的社会信任？"，载《中国环境报》2019年11月18日。

〔4〕 "核安全与放射性污染防治'十三五'规划及2025年远景目标"，载生态环境部：http://www.mee.gov.cn/gkml/sthjbgw/qt/201703/t20170323_408677.htm，最后访问时间：2020年8月10日。

〔5〕 《核安全法》第66条规定："核设施营运单位应当就涉及公众利益的重大核安全事项通过问卷调查、听证会、论证会、座谈会，或者采取其他形式征求利益相关方的意见，并以适当形式反馈。核设施所在地省、自治区、直辖市人民政府应当就影响公众利益的重大核安全事项举行听证会、论证会、座谈会，或者采取其他形式征求利益相关方的意见，并以适当形式反馈。"该条文是我国《核安全法》关于公众参与方面内容的直接规定。此外，包括核设施选址、环境影响评价等活动也需要相关的公众参与活动。

的反应，认真听取公众的意见，及时解答问题或质疑，开展多种渠道的信息公开活动，及时消除公众存在的疑问，让谣言不攻自破。[1]在公众参与过程中，我国需要借助科普教育、安全文化教育，使相关公众能够了解和掌握核能开发利用行为所应用的技术以及其所蕴含的各种信息，从而使其参与核安全保障活动并提出自己的意见和建议，从而解决科学与民主之间的问题。

在核能开发风险规制活动中，公众参与的内容主要包括：首先，公众参与的主体。公众参与的主体主要包括公众参与的组织主体、实施主体以及具体的公众参与人员。公众参与的组织主体既包括政府核安全主管部门以及核能开发利用主管部门，也包括实施核能开发行为的核能开发主体。政府主管部门作为公众参与的组织主体时，需要广泛而全面地召集相应的公众参与主体（主要包括开发行为实施主体以及公众群体），并按照法律要求来组织活动。核能开发行为实施的企业作为公众参与的组织主体时，需要注意的是其所选择的公众参与成员的广泛性、民主性、全面性。这些主体既要包含与核能开发行为有关的相应主体，同时也要包含那些并不受核能开发行为影响的非利益相关方以及利益相对方。在参与主体的选择上，既要考虑到相应主体的文化知识水平，也要考虑到主体的年龄、居住地、经济条件等多方面的因素，从而更好地保障参与主体的全面性。其次，公众参与的客体。在核能开发行为中，公众参与的客体主要是核能开发过程中所要开展的各项活动、在这些活动中可能涉及的信息和可能被投入使用的核能开发技术，可能造成不良影响的各种行为以及自然要素等，特别是那些可能造成严重不良影响的风险性要素与问题。公众参与的目的在于通过公众参与找出核能开发行为实施所可能造成的各种影响，同时也包括为了减轻、降低核能开发行为可能造成的不良影响而采取的各种救济性措施和预防性措施。最主要的是这些行为实施后可能造成的风险性问题。再次，公众参与的程序。公众在参与到相关活动中时，需要遵守相关程序：①公众参与主体的选择。既包括公众参与主体的组织主体、实施主体的选择，也包括公众参与活动的具体参与主体的选择，要求实现主体的

[1] 何卫东："加大宣传力度　让谈'核'不再色'变'"，载《中国环境报》2020年6月22日。

广泛性、全面性以及科学性。②公众参与的环节。首先是由组织主体选择公众参与的实施主体，由其确立公众参与的具体实施环节，包括主持人的选择，公众代表的选择，参与意见的发表、记录，争议意见的发表、回馈等内容，同时也包括对否定性意见的收集与回馈。③公众参与结果的形成。在公众参与具体环节结束后，公众参与实施主体需要对相应的公众参与过程中由利益相关方以及其他的非利益相关方所提出的意见、建议进行收集与整理，并由核能开发利用主体进行回馈，特别是在不采纳意见时说明不采纳的理由。当这些环节实施完毕后，需要由公众参与组织主体、实施主体对公众参与的信息记录以及意见进行有效的公开，征求意见，以保障参与主体的知情权得到有效满足。此外，需要将公众参与的过程、结论纳入风险评估、风险管理的依据报告。在公众参与效果形成过程中，如果公众参与的效果不理想，那么便需要重新开始新的公众参与活动。只是在新的公众参与活动中，既需要解决先前公众参与活动所尚未解决的问题，也要对相关活动的参与人员（诸如主持人、参与人等）按照公众参与的标准与资格进行相应的重新选择。在人员选定之后严格按照公众参与的程序进行，并要求参与主体严格履行公众参与的程序要求与义务。这些内容的设计，可以促使相关核能开发利用主体在核能开发风险规制过程中（特别是在风险沟通环节）更有效地收集到与核能开发有关的信息，从而实现核能风险规制的有效进行。此外，在公众参与活动实施时，一方面要遴选相应的公众参与组织主体、参与主体，并协调好相关工作的开展；另一方面则是要遴选能够积极参与风险规制活动的来自科学技术界的专家学者。在开展公众参与活动时，相关主体要对相关科学技术问题以及相关技术方面在应用过程中可能产生的各种影响（尤其是那些涉及核设施开发、核安全保障措施、环境保护、水资源开发利用等公众关心和了解的信息和问题）进行及时、有效的解答，以便在一定程度上消除和降低公众的恐惧感，并为风险沟通创造有利的条件和基础。

## 第三节 我国核能开发风险规制相关制度的设立

### 一、信息公开制度

信息公开制度是指按照信息公开原则的要求，对于开展相应的活动（特别是在核能开发利用活动中需要由核能开发利用主体所掌握的各种信息）按照法律规定的途径与方式向特定的公众进行信息公开，并及时收集与回馈公众就相应的核能开发所提出的各项意见、建议与观点等。环境信息公开、透明是支撑环境风险规制的核心性元素和基础性制度。[1]按照信息公开制度的要求，核能开发主体在决定开始实施核能开发行为时，需要针对特定的活动（诸如核设施的选址、建设、试运行、运行以及退役）过程以及在这些活动中所采用的科学技术，按照法律规定向生产、生活于核设施所处地区周边的人群进行信息公开。同时，对于那些生产、生活于核能开发利用地区的人群来讲，因其长期生活于该地区，对于该地区的自然生态环境信息掌握得较为全面，所以在事实上拥有一定的信息优势。因此，按照相关原则的内容要求，其也需要按照法律规定的程序、内容、措施、方式进行信息公开，以便相应的核能开发主体及时、有效全面地掌握各项有关信息，从而促使开发主体在核能开发利用过程中更好地实施核能开发风险规制措施，进而实现核安全目标。高质量的信息公开有助于增强公众的控制感，通过弱化风险感知增进社会信任。当风险感知远胜于信任（即愿意担当风险）时，设置一个控制系统将有助于缩小社会信任与风险感知的差距。其具体路径是信息公开—增进公众的控制感—弱化风险感知—增进社会信任。[2]此外，充分的信息公开是增强公众对核安全的信心、保障社会稳定的重要环节，公开、透明是核安全监管的基本原则。[3]

信息公开的主体主要包括：①核能开发监督管理部门。将其作为信息公开的主体是因为其负担有核能开发的监督管理职责，相对来说更加了解

---

[1] 张锋："风险规制视域下环境信息公开制度研究"，载《兰州学刊》2020年第7期，第89页。

[2] 孙浩："如何增强风险沟通中的社会信任?"，载《中国环境报》2019年11月18日。

[3] 中国电力促进会核能分会编著：《百问核电》，中国电力出版社2016年版，第154页。

当前我国核能开发利用的现状，特别是关于核安全方面的规范性法律文件以及政策文件、核能开发利用的资格许可证以及操作员的操作许可等多种许可证颁发的条件等方面的信息。②实施核能开发活动的主体。将其作为信息公开主体是因为其本身在开展相应的核能开发行为的时候掌握了丰富的信息，因此，其需要及时公开其所掌握的涉及核安全以及可能影响他人合法权益的信息，但是涉及商业机密的除外。

信息公开的客体是指那些在核能开发过程中出现的、关系到核安全的信息，特别是那些可能影响到其他利益相关方合法权益的信息。这些信息包括：核设施的选址、建设、试运行、运行、退役以及乏燃料处理等。这些内容的公开关系到核安全目标的实现，因此，需要相应的信息公开主体依照法律规定的程序主动公开或依申请公开。

信息公开的方式。核安全方面的信息公开的方式，主要包括传统媒体和新媒体。这些方式主要包括：电视、广播、报纸、公报、信息简报、论坛、座谈会、微博、网络会议、虚拟视频参观等。信息公开的要求在于对信息进行及时、有效、全面的公开。

信息公开的结果。信息主体在进行信息公开时，需要使用通俗易懂的语言，以便公众更好地理解所公开的信息。同时，对于信息公开中需要依靠科学技术知识才能了解和明白的部分信息，应当以一种易于公众理解的方式进行释明。

此外，还需要关注信息公开的法律责任。我国应将信息公开作为信息公开主体的强制性义务，通过法律规定明确信息公开的法律地位，同时也要进一步明确信息公开主体在未能按照法律规定及时公开信息时所应当承担的不利性法律后果。此外，关于核能开发（特别是风险规制方面的信息），需要及时公开，并且相关主体在公开这些信息时需要符合其他法律法规中关于信息公开的要求，实现法律规定之间的衔接与协调。当前，我国关于信息公开方面的法律规定存在不同层级的法律文件，这些对于信息公开的规定存在一定差别。因此，在规范性法律文件中加以明确、详细的规定能更好地促进核安全目标实现过程中的信息公开的发展。环境信息公开还是一种风险沟通机制，通过环境信息的公开、透明和共享机制，推动环境规制者、被规制者、利益相关者的协商沟通、合作互动，促进环境风险规制社会各系统之间的协调、协同和合作。[1]

在与科学有关的冲突中，组织利益以及受影响个人的利益在公众公开时得到放大，并且能够影响科学证据声明的清晰传播。高风险、利益冲突、不确定性以及对风险和后果的担忧都会影响试图沟通和使用科学的人和组织的数量和多样性。在这种情况下，错误的信息可能导致主流的科学信息很难被获取。需要明确有效地纠正错误信息以及决定不同传播者的作用的有效战略，这些传播者（包括意见领袖）会影响人们对科学信息的认知和理解。[2]参与核能开发、利用和监管的所有团体、机构均有义务向公众提供核能正在如何被利用的相关信息，尤其是可能影响公众健康、安全和环境的信息。[3]当前，我国核设施运营单位均会按照相关法律法规等规范性文件的要求，主动定期发布涉及核设施运营的各种信息，这些信息包括核设施运营单位采取的措施、达到的效果以及在相关的保障核安全过程中所实施的行为及达到的效果。从当前我国核能开发利用企业发布的相关的社会责任报告来看，相关报告一方面涵盖了该企业在核能开发利用活动中采取的各项措施（特别是涉及核安全、社会责任的内容，这些活动是社会责任报告[4]的重要内容），另一方面也涵盖了环境保护、安全、健康方面的信息。但是，从相关内容的篇幅以及组成部分来看，直接涉及环境保护、安全、健康的信息在该报告中的内容相对来说较少，加之在报告中并非完全以文字形式出现，大量的图片也可以辅助呈现相关信息内容，从视觉效果等来看，文图并茂可能会在一定程度上冲淡该报告所涉及的环境保护、安全、健康方面的信息，而这些信息恰恰是在信息公开、公众环节

---

[1] 张锋："风险规制视域下环境信息公开制度研究"，载《兰州学刊》2020年第7期，第88页。

[2] National Academies of Sciences, Engineering, and Medicine 2017, *Communicating Science Effectively*: *A Research Agenda*, *Washington*, DC：The National Academies Press, https://doi.org/10.17226/23674, p. 6.

[3] International Atomic Energy Agency（IAEA）, *Handbook on Nuclear Law*, IAEA, Vienna, 2003, p. 10.

[4] 典型的例子如中国核能电力股份有限公司2019年社会责任报告。在此之前，该公司曾连续多次发布年度社会责任报告，在2019年年度社会责任报告中，在"绿色，守护美丽家园"部分涉及年度内该公司针对环境保护和核安全等方面目标所采取的各种措施，以及其所确立的发展目标等内容。从内容上来看，这些无疑属于核能开发利用过程中所涉及的与人身生命健康财产安全有关的信息。

（特别是风险沟通过程）中公众更为关心和关注的部分。因此，笔者建议相关核能开发利用企业在开展信息公开活动时注意到这些现象以及公众对相关企业在实施信息公开时希望看到、听到和了解到的信息。此外，核能开发监督管理部门也需要利用网络、公报等多种形式开展信息公开活动，特别是与核能开发利用活动有关的信息（如核能开发利用的实际状况、核电规划等相关政策文件），从而为后续的核能开发利用以及信息公开创造各种有利条件。此外，对于信息公开，核能开发利用主管部门应针对部分需要进一步普及的专业知识以及面对特定情况（如 2011 年 3 月 11 日日本福岛核泄漏事故发生后，我国多地在蔬菜中陆续监测到微量的核辐射等信息，以及在此过程中群众因相信加碘食盐可以预防核辐射带来的各种谣言而出现的"抢盐风潮"）进行及时、主动的信息公开，并就所涉及的信息进行及时、有效的解释与说服，从而为信息公开和公众参与提供基础性服务和条件。

### 二、风险预警制度

预警，即预先告警，[1]就是提前告知社会将有一些什么样的问题发生，有什么样的危险来临。它既要为决策者提供及时、准确的情报，同时也要向民众传递适当的信息；既要让民众能够对危机事态的程度与危害有一个较为清晰、准确的认识，又要使民众能够掌握和了解相关决策层为化解危机所做出的各种努力，更要使民众在面对危险或风险时能够保持情绪稳定，在一定程度上努力避免由民众的恐惧或失望导致的情绪失控。[2]风险预警制度是要将风险预警作为一种法律制度确定下来，并在核能开发利用环节加以确定与应用，在核风险可能发生时通过制度的运行来及时告知核安全开发利用监督管理主体，从而使核能开发利用主体以及核安全监督管理主体能够及时、有效地启动核安全预防性措施，以降低核风险发生可能带来的各种不利性甚至是严重不可逆反的后果。2015 年颁布的《国家安

---

〔1〕　中国社会科学院语言研究所词典编辑室：《现代汉语词典》（第 6 版），商务印书馆 2012 年版，第 1591 页。

〔2〕　宋林飞："中国社会风险预警系统的设计与运行"，载《东南大学学报（社会科学版）》1999 年第 1 期，第 69~76 页。

全法》明文规定要针对国家安全确立风险预警制度。[1]基于国家安全范围内的核安全目标的实现，我国需要参考《国家安全法》确立风险预警制度。

风险预警制度主要包括以下几个方面的内容：首先，风险预警制度的主体。在核能开发利用过程中，风险预警制度的主体首先是核能开发的主体，这是因为其首先掌握了核能开发方面的各项信息，对核能开发行为也最为了解，将其作为风险预警制度的主体具有重要的意义。此外，还需要将核安全监督管理主体作为风险预警主体。这是因为其负责对核能开发利用进行监督管理，通过颁发许可证等措施来对核能开发利用行为进行监管，掌握了较为丰富的核安全方面的信息。其次，风险预警制度的内容。在核安全风险规制过程中，需要完善核安全风险预警制度。风险预警制度的内容直接关系到该制度相关目标的落实。风险预警制度的内容是那些可能造成核风险从自然因素向现实发展的人为性、自然性因素，特别是人为性因素。这是因为从对人类已经发生的核安全事故进行考察的结果来看，核事故均是由人类的不当操作造成的，因此，将人为性活动作为核风险的风险预警内容具有重要的意义。最后，风险预警的措施。风险预警的措施主要包括下列内容：相应的核能开发利用主体一旦发现存在核安全方面的各项风险情绪，便需要及时通过网络、新闻媒体向核安全监督管理部门以及公众进行告知，发布预警信息、通报应对措施，并启动核安全保障措施。此外，还应当包括风险预警报告制度。要求相应的核安全监督管理主体以及核能开发利用主体积极履行报告义务，一旦发现存在核风险，即需要按照报告制度的要求向有关部门进行汇报，内容需要包括风险的类型、强度、可能造成的损害以及已经采取的预防性措施。确定预警等级标准和措施，并定期进行环境监测人员培训，更新监测预警设备、完善监测方法措施。环保部门与其他有关部门应协调建立预警信息平台，通过优化预警信息传递的途径与方式，有效地提高预警能力和预警信息的传递效

---

〔1〕《国家安全法》第 57 条规定："国家健全国家安全风险监测预警制度，根据国家安全风险程度，及时发布相应风险预警。"

率。[1]基于此，我们应确立核能开发风险预警制度，并将风险预警制度、及时性原则、其他法律原则与法律制度进行衔接与应用，从而实现风险预警制度的高效化。

此外，为了更好地实现核安全，依照《核安全法》第34条"国务院核安全监督管理部门成立核安全专家委员会，为核安全决策提供咨询意见。制定核安全规划和标准，进行核设施重大安全问题技术决策，应当咨询核安全专家委员会的意见"的规定，国家核安全监督主管部门应当设立核安全专家委员会，并确立相应的核安全委员会的基本职责。从其基本任务来看，主要是针对核安全决策、核安全规划和标准、核设施重大安全问题、技术决策问题等内容提供咨询意见。基于此，核安全专家委员会应当努力强化自身专业技术方面的能力储备与建设，并加强与核能开发主体以及核安全监督管理主体的交流与合作。在此过程中，核安全专家委员会可以利用自身专业知识建立预警制度，并通过相关核安全保障措施技术中心的建设与应用来贯彻相应的预警制度。在落实过程中，可以设置相应的技术安全评估标准、预警信号、预警体系、预警回复机制等。建立核能开发利用风险预警制度，一方面需要借助专家学者强化开发与应用核能开发利用的各项核安全保障技术，另一方面则需要持续推动对核能开发利用技术进行安全检查，强化核安全技术的开发与应用，此外还需要关注核能开发利用技术可能造成的各种风险问题。此时，为进一步强化对核能开发利用过程中可能出现的风险进行有效应对，需要专门针对核能开发利用风险进行进一步的风险预警，强化预警制度（特别是风险预警制度）可能包括的各种制度。例如，参考国内自然灾害预警体系进行设置，依据不同的核能开发利用风险可能造成的损害程度设置相应的预警信号（如橙、蓝、黄、红），以不同的颜色来代表不同的风险等级，借助相应的预警信号及时告知各主体核能开发利用可能造成的不良影响，并针对不同的预警信号所代表的信息来设置相应的预警措施，协调安排相应的预警人员、预警力量及预警措施等，从而更好地发挥预警制度的作用。

---

[1]　黄政："危险化学品环境风险防控立法问题研究"，载《环境保护》2013年第19期，第40页。

### 三、环境影响评价制度

环境影响评价制度是对资源开发利用行为在实施之前按照相应的法律程序以及要求对行为可能造成的不良性环境影响进行有效的评估，并预置对策性手段。其在保护环境方面具有重要的意义，是环境保护法律制度的重要组成部分。在核能开发利用过程中，依照《环境保护法》《环境影响评价法》等法律的要求，核能开发利用主体需要按照法律程序进行相应的环境影响评价。因此，在核能开发过程中需要严格实施环境影响评价，全面分析与评估在核能开发利用活动可能造成的不良环境影响以及潜在风险因素，并预先规定与采取部分有效的措施来降低核能开发过程中可能存在的核风险因素。虽然环境影响评价制度本身并非专为核安全风险规制制度进行设置，但是考虑到核能开发利用主体需要实施环境影响评价制度，将其作为核安全风险规制法律制度的配套制度在未来的实践中能推动核安全风险规制法律制度体系的完善以及核安全目标的实现。随着政府职能的调整，环境影响评价制度也开始面临调整。当前，我国环境影响评价制度不再被作为工程实施的必备要件，而是重点关注行为实施后可能造成的影响，即后评价制度。基于核能开发的现实考虑，特别是核安全风险的考虑，我们依然需要将环境影响评价制度作为颁发核设施试运行许可证、退役许可证的必要条件，通过对可能造成的环境影响进行有效的评估，降低风险发生的概率以及防止发生可能存在的严重不良后果。在环境影响评价过程中，需要注意的是核设施的选址、建设、试运行、运行、退役以及乏燃料的后处理等各个环节的科学技术行为以及开发行为可能造成的各种影响，特别是选址方面的地质因素、人文因素、社会因素，应明确将其作为环境影响评价报告的必备要素，并予以重点关注和分析。

环境影响评价制度的内容主要包括：首先，环境影响评价制度的主体。环境影响评价主体既包括环境影响评价的组织主体，也包括具体环境影响评价活动的实施主体。环境影响评价的组织主体主要是核能开发行为的实施者。其需要针对自己所要实施的核能开发行为进行相应的环境影响评价。当前，我国核能开发活动主要是由中国核电建设集团、中国广核集团等企业法人负责开展的。因此，环境影响评价的组织主体应当是实施核能开发的行为主体。环境影响评价的实施主体主要是那些具体开展环境影响评价业务的、具有环境影响评价资质的单位。由于其从事环境影响评价的具体实施活动，因此是环境影响评价的实施主体。此外，需要注意到的是，在核能开发方面的环境影响评价活动中，需要核安全方面的专家、学者的支持。与此同时，还应当有环境影响评价的同行评估主体的支持。同行评估主体不限于熟悉环境影响评价技术的专家、学者，同时也需要来自法律、社会学、政治学等其他社会性科学领域的专家、学者，以便保证评估报告的全面性以及实现主体的全面性。在选择同行评估主体时需要回避那些可能与评估活动具有经济利益关系以及其他可能不利于科学评估的关系主体，同时也不应当包括那些具体参与环境影响评价实施以及报告编制的专家、学者，从而保证专家的公正性、全面性。与此同时，还要关注环境影响评价具体活动的实施主体，要求严格限制、确定实施主体所必备的条件与资格，从而保证相应资质单位具有更好的履行其职责的基本要件与条件，实现环境影响评价的目标。

其次，环境影响评价的客体是核能开发行为所可能造成的各种环境影响。在环境影响评价中，核能开发行为可能产生的各种环境影响是环境影响评价的重点所在。相应的影响既包括人类行为所可能带来的各种影响，也包括在突发自然灾害（特别是严重的地质灾害）影响下人类行为所可能造成的各种影响。

最后，环境影响评价的程序。在这个程序中，首先是由环境影响评价组织主体通过选择环境影响评价的实施主体，针对其将要实施的行为以及行动计划、自然条件、人类社会条件，依照科学的方法进行估算，建立模型，找出可能存在的不良影响，并对相应的结果进行汇总。编写评估结论后，通过信息公开及公众参与活动，依照法律规定的程序要求向可能受核能开发行为影响的主体公开，并征询意见，在环境影响评价报告中明确相应的公众意见，将其作为环境影响评价必备的内容之一。信息公开是公众参与的基础与前提，政府在核电站建设过程中应该秉持主动公开、尽早公开、尽量公开的原则，缓解政府与民众信息不对称的问题，消除民众的疑虑，获取民众的信任，奠定公众参与的基础。核电站在开展环境影响评价活动时，应提前公众参与时点、延长参与时间。核电站建设的公众参与应被提前到项目决策阶段，并探索建立公众的全过程参与，同时，在每一个参与环节都应适当延长参与时间，以保证公众的充分参与。[1]

同时，为了保障公众能够在环境影响评价过程中充分参与，需要强调利用专家学者（非参与该核能开发利用项目环境影响评价）专门针对核能开发利用，特别是该项目环境影响评价报告书中所涉及的相关专业术语、专业数据参考指标、专业数据所涵盖的各项含义进行解释和说明，以便辅助公众就有关数据及报告所指向和表达的内容能够有更为清晰的认识和了解。此外，需要特别关注的是核能开发行为实施后所可能造成的环境影响，特别是这些行为所可能导致的不良影响，将环境后影响评价制度作为环境影响评价制度的重要组成部分，以此推动环境影响评价制度在预防与减轻核能开发过程中的价值的全面实现，从而最终降低核能开发风险发生的概率，杜绝严重后果的产生。环境影响评价的实施主体在完成其评估活动，并作出风险评估报告或者环境影响评估报告后，需要组织同行评估主体对环境影响评价报告内容进行评估，以发现评价过程中的问题，保证评估报告的全面性、科学性。

与此同时，强化环境影响后评估的定期开展。为了能够更为清楚和明确核能开发项目自核设施选址开始以后可能产生的各种影响，我们可以借助环境影响后评价活动。此时，针对核能开发项目在首次装料、首次并网、首次商业运行及各次换料大修、燃料棒的更换、核设施的退役以及其他可能涉及核安全的行为实施时落实和实施环境影响评价活动。如此可以专门针对特定的行为在实施后可能产生的不良后果进行影响评价，从而找出相应行为在实施过程中可能存在的瑕疵及相应的风险问题，并形成相应的环境影响评价文件，在后续的核能开发利用行为中作为指导文件进行有效的应用，从而更好地保障核能开发利用活动安全目标的有效落实。此外，若核设施运营单位为上市公司，相应的核设施运营单位还需要按照国家法律法规确定的信息公开要求及上市公司信息公开要求进行及时、全面的信息公开，以保障相应主体的信息知情权。此外，对于环境影响评价方面的文件，还可以借助企业定期发布的年度社会责任报告，年度环境、安

---

〔1〕 黄锡生、何江："核电站环评制度的困境与出路"，载《郑州大学学报（哲学社会科学版）》2016 年第 1 期，第 24 页。

全与健康报告等予以呈现。对于环境影响评价文件中可能会涉及的公众生命、健康、财产安全方面的信息，可以借助核能开发主体定期发布的年度社会责任报告或者专门发布的环境、安全与健康报告进行对比性列举与发布，以便于相关利益主体、核安全监督管理部门以及那些对核能开发利用（别是核安全）感兴趣的主体能够及时了解。核设施运营单位需及时公开环境影响后评价文件中那些可能产生重大甚至严重不良影响的活动及可能产生的各种后果，必要时须借助互联网、广播、电视、报纸及包括微信、微博等在内的即时通信、新媒体、自媒体方式进行信息公开。如此，其在满足信息公开基本要求的同时也能够为核安全监督行政主管部门提供必要的信息，为后续核能开发利用活动提供有效的信息依据。此外，对于环境影响评价、环境影响后评价，需要从内容、程序、衔接机制措施等多方面入手进行进一步的强化研究，从而为强化与完善核能开发利用的环境影响评价机制提供有利的条件和制度保障。

## 第四节　我国核能开发风险规制的机制建设

传统的危害防止的国家任务在应对新出现的各种风险问题时已被提升到风险预防的高度。现代管理活动不仅仅强调政府的管理与效果，也注重吸引其他社会主体。这种情形同样存在于现代风险管理之中。在开展管理活动时，相关主体更加强调不同管理主体之间沟通的风险理性，借助风险沟通、风险评估活动的开展来建立一种全新的、更具集体意识的风险认知与态度，在这个基础上，结合现实条件进一步选择更为适当的风险管理方法来解决各种现代社会风险。[1] 此外，国务院在 2011 年颁布的《国务院关于加强环境保护重点工作的意见》中指出："完善以预防为主的环境风险管理制度，实行环境应急分级、动态和全过程管理，依法科学妥善处置突发环境事件。建设更加高效的环境风险管理和应急救援体系，提高环境

---

〔1〕　陶鹏、童星："邻避型群体性事件及其治理"，载《南京社会科学》2010 年第 8 期，第 66 页。

应急监测处置能力。"〔1〕借助多方主体的力量，运用风险规制，强化风险规制的作用以及风险规制目标的实现。借助多元主体治理的方式，合理安排与分配不同主体的权利（权力）与义务，从而为核能开发利用过程中的风险规制提供力量。

## 一、我国核能开发风险规制主体的权利（权力）与义务

在核能开发过程中，根据风险规制中各个具体环节的不同，各个程序内有关主体的组成也不同，且相应的主体承担不同的任务，核心主体主要包括核能开发主体、核安全监督管理主体、专家学者与公众，同时也需要关注承担着信息传播等重要任务的新闻媒体在核能开发风险规制过程中的权利与义务。探讨相关主体的权利（权力）与义务有助于明确其在核能开发风险规制过程中的职责，从而更好地完成核能开发风险规制任务。

（一）核安全监督管理部门的权力与义务

人类在现代社会发展过程中所面对的风险问题，是伴随着人类社会发展而来的。为了应对这一在社会发展过程中出现的新问题，政府要根据现实需要进行及时、准确的调整和改变。正如奥斯本所指出的那样："在应对可能出现的各种风险问题过程中，有预见性的政府要采取的应对措施之一就是要使用少量的钱对相应的问题进行预防而不是在风险造成的后果发生后，花巨额的钱进行治疗。"〔2〕针对这一现实，欧美学者提出："在当代社会，为了有效地响应社会发展的需要，现代公共行政的发展重心已从传统的福利行政向现代风险行政转变。"〔3〕结合后现代社会（特别是风险社会）的具体特征，在当代社会，公共行政的任务已经开始由向社会提供各种保障性福利转向应对风险社会过程中出现的各种风险性问题。要想解决相应的风险应对不足的问题，行政机关便不能仅仅只是提供各种保障性福利。在当前核风险逐渐加剧的社会发展背景下，公共行政在社会发展过程

---

〔1〕 "国务院关于加强环境保护重点工作的意见"，载中国政府网：http://www.gov.cn/zwgk/2011-10/20/content_1974306.htm，最后访问时间：2016 年 12 月 10 日。

〔2〕 ［美］戴维·奥斯本、特德·盖布勒：《改革政府》，上海市政协边彝族东方编译所译，上海译文出版社 1996 年版，第 4 页。

〔3〕 ［德］汉斯·J. 沃尔夫、奥托·巴霍夫、罗尔夫·施托巴尔：《行政法》（第 3 卷），高家伟译，商务印书馆 2007 年版，第 3 页。

中的目标与任务在于降低各种风险发生的概率，降低风险发生可能造成损害的可能性以及实际可能造成的损害。诚如英国社会学家布莱·温所指出的那样："人类社会发展过程中，拥有着高科技性、高能量以及重要地位的核能，在很大程度上代表着自 1945 年以来人类社会发展过程中对于追求科学、真理和进步的最高信念。然而，以美国'三里岛'核反应堆事故和苏联切尔诺贝利核泄漏事故为代表的核事故的发生在事实上动摇了大众对现代化原有的坚定信念，面对这种情形，人类不由自主地开始对以核能技术为代表的现代高科技产生种种质疑。人类在质疑相应高科技能够给人类带来巨大经济与社会利益的同时也开始质疑高科技本身可能具有的负面的潜在危害性。在风险社会发展过程中，传统的人类社会关系特征开始逐渐消退，替代性地呈现出一种崭新的更为复杂、更为精妙的风险建构和伴随着社会责任关系的发生与改变。"[1]在应对风险问题时，传统的社会责任关系已难以适应社会发展要求，因而需要创设一种适应风险社会治理的社会责任关系。保护公民免受已知和普遍存在的危险侵害仍然是国家的核心职能之一。人们希望政府能够识别并对整个社会面临的风险采取行动。[2]与此同时，实现安全目标是国家的重要任务之一。在国家实施管理活动中，为了实现其管理任务和目标，需要强调将安全作为其重要的发展任务。

　　在我国，国务院核安全监督管理部门负责对我国领土范围内有关核能开发过程中的相关核安全业务进行监督与管理。其在核能开发风险规制过程中的权力应当包括：①有关核能开发风险决策的最终决定权。当前，在核能开发过程中，基于核能开发技术的高科技性，核能开发风险也开始逐渐显现与凸显，为了更好地保障核能开发过程中核安全目标的实现，核安全监督管理部门需要拥有风险决策的最终决定权，以保障相应风险决策的结果能够满足我们对核安全目标的追求。②决定一项风险评估是否进入风险决策的权力。为了保障核安全目标的实现，核安全监督管理部门制定了

---

〔1〕　B. Wynne, "Risk and the Environment as Legitimately Discourses of Technology: Reflexivity Inside out?", *Current Sociology*, Vol. 50, No. 3, 2002, p. 467.

〔2〕　Lina M. Svedin, Adam Luedtke, Thad E. Hall, *Risk Regulation in the United States and European Union Controlling Chaos*, Palgrave Macmillan, in the United States—a Division of St. Martin's Press LLC, 2010, 124.

相关的规范性法律文件、技术标准、导则等。我国目前对核能开发实施严格的监督管理，涉及核能开发的每一项活动均需要获得相应的行政许可。因此，当核能开发风险评估完成后，需要根据相应的法律要求，由核安全监督管理部门决定该评估是否能够进入风险决策环节。③制定吸引公众及专家参与风险沟通及风险决策活动的权力。为了充分地收集与核能开发风险相关的信息以及掌握最新的核能开发科学技术，我国需要鼓励和吸引公众及专家学者参与到相关活动之中。此外，按照《核安全法》的要求，国家核安全局作为核安全监督管理部门，承担对国内核能开发利用行为的监督和管理任务。基于法律要求，国家核安全局应当遴选来自核能开发利用所涉及的专业领域的专家学者，以组成相应的核安全专家委员会。在这个过程中，国家核安全局在遴选专家委员会时需要注意专家委员会成员专业的多样性，既要包括核能开发利用技术领域的专家学者，同时也要包括来自法律、心理、社会学等其他学科领域的专家学者，以便保证专家学者的多样性以及决策活动的全面性与科学性。[1]

核安全监督管理部门在核能开发风险规制过程中所承担的义务包括：①全过程参与的义务。核安全监督管理部门应当全过程参与相关活动，如从风险识别、风险评估、风险沟通到最终的风险决策。核安全监督管理部门只有全程参与，才能收集和掌握到更全面、详细的与核能开发风险规制有关的信息，从而保障其最终决策结果的科学性。②听取各方意见的义务。在核能开发风险规制过程中，尤其是在风险沟通与风险决策环节，核安全监督管理部门将会收集到来自不同主体的意见、建议，而在这个过程中，核安全监督管理部门需要听取各方的意见，而不是忽略或拒绝相关的意见和建议。③监督风险规制活动开展的义务。由于在核能开发风险规制过程中，可能会因新的因素出现而在此开展风险评估等活动，为了保障相关活动的及时、有效开展，需要核安全监督管理部门进行相应的监督。此外，核安全监督管理部门在履行自己义务的过程中，也需要承担一定的责任，基于"权责一致"的要求，核安全监督管理部门在核能开发风险规制过程中因工作失误等原因应承担相应的法律责任。此外，核安全监督管理

---

[1] "关于印发国家核安全专家委员会名单的通知"，载生态环境部：http://www.mee.gov.cn/xxgk2018/xxgk/xxgk03/201907/t20190726_ 712446. html，最后访问时间：2020 年 8 月 24 日。

部门可以立足于国家核安全局设置在地方的六大核与辐射安全监督站以及核与辐射安全中心、辐射环境监测技术中心、核安全中心、核安全评审中心等部门所能够提供的技术力量，从技术方面推动核安全目标的实现。与此同时，需要进一步明确国家核安全委员会的职能，从而更好地发挥其作用。

（二）核能开发主体在风险规制中的权利与义务

核能开发主体是核能开发风险规制的重要力量，其在风险规制过程中所享有的权利包括：①参与风险规制活动的权利。当前，我国的核能开发行为主要包括核电站、核燃料开发等。在核能开发过程中，核能开发主体是相关活动的直接承担者与实施者。针对核能开发的风险规制，核能开发主体有权参与相关活动。②知情权。在核能开发过程中，核能开发主体需要承担相应的核安全保障义务，同时，在风险沟通与风险决策环节，其需要掌握更多的信息，以便实施相应的信息交流活动。因此，针对那些核能开发主体尚未掌握的信息，其享有相应的知情权，以便其能更好地履行保障核安全目标实现义务。③平等参与权。在风险规制（特别是在风险决策环节）过程中，需要由核安全监督管理部门、核能开发主体、公众、专家学者共同组成风险决策组织。在决策活动中，核能开发主体享有平等的参与权，能够有效地表达意见、建议。

核能开发主体在风险规制中所承担的义务包括：①信息公开的义务。在核能开发过程中，需要应用大量先进的核能开发技术，而这些技术一般不为公众所知晓。因此，核能开发主体负有针对这些信息进行公开的义务，以便满足核安全监督管理部门以及公众的知情权。核电企业需要以更加开放的姿态，给予更大范围内的公众亲身体验已有核能设施运转情况的机会，用事实论据来提升风险沟通的效果，从而减少由"核邻避情结"带来的负面影响。[1]与此同时，我国制定与下发了《关于加强核电厂核与辐射安全信息公开的通知》。根据相关通知的要求，各核电厂需要承担起向公众公开核与辐射信息的义务，并在此基础上制定相应的信息公开方案，明确核电厂内的信息公开组织体系及职责范围与分工，公布信息公开方式

---

[1]　张乐、童星："公众的'核邻避情结'及其影响因素分析"，载《社会科学研究》2014年第1期，第117页。

及索取方式，建立交流沟通机制。[1]与此同时，各核电厂每年需要定期开展信息公开活动，以便使公众能够获取相应的核与辐射方面的信息（涉及国家秘密和商业秘密的除外）。②履行法律规定的义务。在核能开发过程中，特别是在核设施选址等环节，其活动的开展需要获得许可证。因此，在核能开发过程中，针对在开发过程中可能出现的各种风险，需要核能开发主体履行法律所规定的义务。③参与风险规制活动的义务。核能开发过程中的风险规制活动，首先需要相应的核能开发主体积极按照法律规定的核设施选址科学评估义务要求履行法律义务，开展相应的科学评估，并按照风险规制活动的具体要求，履行其风险规制义务。④开展风险规制研究。在核能开发利用过程中，核能开发利用主体为实现核安全目标，需要从风险规制角度出发进行科学研究（既包括技术方面的风险规制研究，也包括法律、社会、心理、社会工作等多重领域的风险规制研究），从而为后续的核能开发风险规制，特别是为核能开发利用主体提供必要的智力支撑。

（三）专家学者在核能开发风险规制中的权利与义务

为提高我国核能技术支撑，我国成立了由 25 位中国科学院和中国工程院院士、一百余位行业内权威专家组成的国家核安全专家委员会，为核安全战略研究与重要决策提供科学支撑。[2]国家核安全专家委员会目前集中了该领域内的顶尖专家学者，可为核安全目标的实现提供必要的智力支持。[3]

专家学者，特别是参与核能开发风险规制活动的那部分专家学者，在开展风险规制活动中需要享有相应的权利包括：①知情权。在核能开发过

---

〔1〕 中国电力促进会核电分会编著：《百问核电》，中国电力出版社 2016 年版，第 154 页。

〔2〕 郭承站："夯实基础 强化支撑持续提升国家核安全治理能力"，载《中国环境报》2020 年 4 月 23 日。

〔3〕 国家核安全专家委员会成立暨第一次全体会议于 2019 年 7 月 25 日召开。本届专家委员会由来自我国政府部门、科研、设计、生产、制造、营运单位及高等院校等核科学相关领域的 123 名资深委员和委员组成。专家委员会下设核安全战略与政策、核设施设计建造运行、核燃料循环、废物与厂址、仪控电与机械设备、应急与辐射安全、核设施安全评价与软件分析等 6 个专业分委会。专家委员会不仅为核安全监管科学决策提供全面技术咨询，也为国家核安全工作协调机制、核安全国际合作、履行国际义务等战略决策提供咨询服务，对我国核事业安全健康可持续发展发挥了重要作用。

程中，基于相应科学技术的投入以及具体核能开发活动的开展、核安全方面的法律要求等，专家学者需要掌握核能开发过程中产生的各种信息，包括风险信息以及相关的其他信息。②平等参与权。在风险沟通及风险决策环节，相应的主体组成部分中需要有与核能开发有关的专家学者以及其他领域内的专家学者，而在相关活动实施过程中，需要有相应的专家学者参与活动的开展。③自由表达权。在风险沟通与风险决策环节中，需要专家学者陈述自己对相应活动所持的观点和意见。在这个过程中，需要保障专家学者自由表达观点的权利，但是其在陈述与表达观点的过程中不能陈述与风险规制活动无关的信息甚至虚假信息及不当言论。

专家学者在风险规制过程中所要承担的义务：①信息公开的义务。专家学者（特别是那些核能开发领域内的专家学者）需要在风险沟通与风险决策环节针对所应用到的技术进行阐释与说明，以使公众以及核安全监督管理部门更好地了解相关技术信息。②中立客观的义务。在风险评估中，需要相关的专家学者组成风险评估实施主体，对核能开发过程中出现的风险要素进行评估。为了保证相应评估结果的公正性与客观性，专家学者须持中立立场。③谨慎义务。在风险评估、风险决策环节中，专家学者均是有关主体的重要组成部分。在开展风险评估与风险决策活动时，相应的专家学者须谨慎对待风险规制的问题，客观地履行其职责。④提供全面信息的义务。核安全专家委员会应当针对核安全监管科学决策提供全面的技术咨询。因此，核安全专家委员会委员在参与咨询活动时应当承担提供全面信息的义务。相应的信息应当包括对核安全有利的技术信息，同时也应当包括那些可能会造成不良影响，甚至是严重损害核能开发利用行为的信息。在相应的咨询活动中，针对技术咨询、政策咨询等方面的内容，核安全专家委员会需要提供全面的信息，以便于核安全监督管理部门、核能开发利用主体基于全面的信息作出相应的决策与选择，从而为核安全目标的实现提供全面、有效的信息支撑。

（四）公众在核能开发风险规制中的权利与义务

在许多议题的讨论中，非专家背景的公众往往会转向认知快捷方式，譬如透过社会意识形态、心智、宗教价值、信任、情感或媒体呈现，形塑自己的判断。公众，尤其是那些生产、生活活动可能会受到核能开发活动影响的公众，需要参与到风险规制活动之中，并通过自己的活动来维护自身合法权益。因此，公众在核能开发风险规制中所享有的权利有：①知情权。由于公众一般不掌握高科技信息，而核能开发技术又包含了多种信息，因此公众需要了解和掌握核能开发的各种信息，从而为其参与风险规制相应程序活动提供前提。②平等参与权。公众在核能开发过程中，相对于核安全监督管理部门、核能开发主体、专家学者来说，往往处于弱势地位，为了保障其合法权益，需要赋予公众平等参与风险规制活动的权利。③自由表达权。在风险沟通及风险决策环节中，不能以公众所掌握的科技信息及其他信息不足为由损害公众自由表达观点的权利。公众要能够自由地发表自己就核能开发的观点、意见等。此外，还应当包括公众在风险规制过程中实施活动应当得到保障的权利。

公众在核能开发风险规制中所应承担的义务包括：①不得损害他人权利的义务。在风险沟通与风险决策中，公众不得损害他人的自由表达权以及名誉权等。②提供真实信息的义务。在风险沟通环节，公众在交流过程中所提供的有关信息应当是真实的，不能是虚假或者伪造的。在一些涉核的舆情事件中，地方政府和企业向公众披露频次最高且最为丰富的信息是技术安全等组织能力层面的。但公众对于组织能力的感知往往是模糊的。公众对于官员及企业品格的负面感知和参与信息公开的意愿均非常强烈。[1]

（五）新闻媒体的权利与义务

媒体既应被视为传达信息的重要手段，也应被视为爆发监测的组成部分。实际上，有效的媒体沟通是有效的应急管理的关键要素，从一开始就应发挥核心作用。它可以坚定公众对组织或政府应对紧急情况并得出令人满意的结论的信心。在充满不确定性的风险社会中，媒体是民众最主要的信息来源，其是传递讯息、影响社会大众感知的重要管道。[2]有效的媒体交流对于完善信息交换过程是必不可少的，该过程旨在引起信任并促进对

---

〔1〕 孙浩：“如何增强风险沟通中的社会信任？”，载《中国环境报》2019 年 11 月 18 日。

〔2〕 J. Lichtenberg, D. MacLean, "The Role of the Media in Risk Communication", In R. E. Kasperson, P. J. M. Stallen (eds.), *Communicating Risks to the Public*: *International Perspectives*, Dordrecht, the Netherlands: Kluwer, pp. 157~173.

相关问题或行动的理解。在现有知识的范围内，良好的媒体沟通可通过以下方式实现：建立、维护或恢复信任；增进知识和理解；指导和鼓励适当的态度、决定、行动和行为；鼓励合作。[1]

新闻官员应该能够描述在突发公共卫生事件中新闻官员的角色和职责；表现书面和口头交流技巧；与参与紧急情况处理的伙伴机构进行有效沟通；展示团队建设、谈判和解决冲突的技巧；制定与总体应急响应计划相结合的媒体传播计划；开发和维护应对各种紧急情况的最新信息材料和资源的文件（例如，与化学、生物和放射媒介有关的情况说明书）；制定和维护人员计划，24小时应对紧急情况；选择媒体管道并确定其优先级；编制媒体联系人列表、合作伙伴联系人列表和专家联系人列表；开发和运营一个多机构联合信息中心（JIC）；访问、使用、解释和显示与紧急情况有关的数据；描述在紧急情况下与媒体进行有效沟通的基本原则；描述组织紧急行动计划的基本要素；培训其他发言人；开发、评估和实施媒体传播练习和演练；操作媒体通信计划中确定的通信设备（电话线、电话银行、计算机、对讲机、个人数字助理、照相机、复印机、传真机和收音机）；开发特定事件的信息并将其传递给媒体、伙伴组织、代理商人员和员工、其他政府机构、非政府组织、公众；保持镇定，并在遭遇压力时传达信心和镇定。[2]在风险社会的治理中，行政机关对风险信息工具的有效运用将会大大降低执法成本、增强行政透明度、提高行政效益。行政机关对风险信息工具的运用，不仅体现在行政机关主动的信息公开和交流上，还体现在通过媒体对行政执法活动加以有效的整合上。[3]

因此，为了更好地应对核能开发利用过程中可能遭遇的风险问题，作为承担信息传播与宣传职能的新闻媒体，在核能开发利用风险规制工作中承担着相应的权利与义务。新闻媒体在核能开发利用过程中基于风险规制

---

〔1〕 V. T. Covello, R. N. Hyer, *Effective Media Communication during Public Health Emergencies*, World Health Organization, 2007 Preface, p. 2.

〔2〕 V. T. Covello, R. N. Hyer, *Effective Media Communication during Public Health Emergencies*, World Health Organization, 2007 Preface, p. 2.

〔3〕 "平凉电视台跟踪报道陇东监察分局监察执法工作"，载甘肃省某矿安全监察局：http://www. gscms. Chinasafety. gov. cn/oldpages/bencadny/php? Fid=12& aid=3691，最后访问时间：2020年8月20日。

所享有的权利为：①信息传播权。其是新闻媒体在开展自身活动时所直接享有的权利；②平等参与权。在信息传播过程中，新闻媒体机构有权平等参与新闻报道而不是专门由极个别被指定的新闻媒体机构开展相应的新闻报道活动；③知情权。在核能开发利用风险规制活动中新闻媒体享有对相关信息的知情权。其可以为新闻媒体全面开展报道创造有利条件。

新闻媒体在核能开发利用风险规制活动中须承担的义务为：①谨慎义务。在核能开发利用过程中，核能开发利用方面的各种技术存在着多样性与高科技性等特征，为有效地推动风险规制活动的开展，新闻媒体在进行新闻报道时应当履行谨慎义务，谨慎对待所收集到的新闻信息。②全面义务。在进行新闻报道时，新闻媒体应当全面收集各种信息，在认真对比和研究的基础上，开展新闻报道活动。③保密义务。在承担新闻报道任务时，新闻媒体需要对其收集到的各种信息进行分析，对于那些可能涉及国家秘密、商业秘密的信息，新闻媒体应按照相关法律规定承担保密义务。

只有良好地设置新闻媒体机构的权利义务，并合理协调新闻媒体机构与其他核能开发利用风险规制主体的权利义务关系，我国才能推动核能开发风险规制活动的有效开展。

## 二、我国核能开发风险规制的程序构建

风险问题的普遍性和风险治理的现实紧迫性，对各国的政策规定与法律调整方式及内容都提出了全新的挑战，风险管理日益成为政府日常管理活动的一项核心性任务。[1]因此，面对日益复杂的科技问题（尤其是那些可能带来风险的科技问题），人类社会唯有通过缜密、严格的程序规则设计与运行，才能在事实上防止风险规制问题成为法律空白之地。[2]基于此，针对核能开发的风险规制活动，需要设置严密而全面的程序，以便相关活动严格按照程序开展，从而实现核安全目标。

核能开发风险规制的程序主要包括：①风险识别。风险识别的主要任务在于识别与确认核能开发的风险类型，哪些风险能够被纳入风险评估的

---

〔1〕 朱狄敏："风险社会中的国家责任趋同化——以英法国家赔偿制度变迁为例"，载《浙江学刊》2013年第2期，第112页。

〔2〕 龚向前："WTO框架下风险规制的合法性裁量"，载《法学家》2010年第4期，第177页。

范围，哪些风险要素需要被纳入风险评估的范围。②风险评估。一旦相关风险因素被纳入风险评估的范围，那么将由相应风险评估组织主体根据风险评估的现实需要组织风险评估实施主体，风险评估实施主体根据已经确立的风险评估框架针对相关风险因素、各风险要素之间的关系、联系以及相关要素联系交往机制开展评估活动。③风险沟通。在完成风险评估活动、收集到核能开发相关信息的基础上，须在核安全监督管理主体、核能开发利用主体、专家学者以及公众之间开展风险信息公开以及公众参与活动，以征求各方的意见、建议和观点；④风险决策。在完成风险评估以及风险沟通的基础上，须由核能开发监督管理部门、核安全监督管理部门以及由公众、核能开发主体共同组成的风险决策主体针对风险评估结果以及替代性方案作出最终的风险决策（此时，需要就公众反映的意见和建议进行回应，特别是那些风险决策中未能被采纳的意见和建议）。

（一）风险识别

风险规制具体程序的第一个组成部分应当是风险识别，其目标与内容在于针对核能开发过程中可能出现的各种风险要素进行识别与确认，以便确认相应的风险要素的类型、内容、表现方式及可能造成的损害。在核能开发过程中，相应的风险识别工作主要包括选址、建设、试运行、运行以及退役过程中可能出现的各种风险要素。以核设施的选址为例，相应的风险要素主要表现为各种可能导致风险发生的地质安全、地震、海啸、气象以及周围人文特征等多方面的因素，这些因素可能会导致核设施选址出现安全性问题，从而导致核设施选址无法完成或者是难以满足基本的核设施选址要求。湖南桃花江核电站因"邻避效应"而停建，其主要原因在于隔河相望的安徽省望江县通过各种途径反映该核电站在选址过程中存在着各种不足，特别是核设施在选址过程中对于必须关注的要素未能给予有效的重视。其中一个重要的反对理由是，该核电站在选址时提交的备选区域在3公里、5公里及10公里范围内所影响到的人口数与实际情况严重不符，相应的选址地区在地质条件上也存在着严重的不符合要求情况（主要是存在着地震断层问题）。基于各种因素，前期投入巨大的桃花江核电站选址活动被迫中止。从桃花江核电站选址因"邻避效应"而停止来看，"邻避活动"的重要成因是在实施环境影响评价和开展风险识别活动时未能充分、完全地对所涉及的自然地质条件以及人口、社会条件进行充分的搜集和评估。面对前述不成功的风险识别活动，我国需要在后续的风险识别活动中进行全面考虑，从而为后续活动提供前提条件。

在风险识别过程中，实施主体主要是核能开发主体，其在核能开发过程中负责相应的风险识别工作有着自身的优势。一是技术优势。核能开发主体本身具有较强的技术能力与优势，我国核设施运营单位均成立了技术研究单位，在选址、建设、运行等多方面具有强大的技术储备。此外，我国其他相关的核研究院在选址等方面也拥有着强大的技术优势、人员优势。在核设施选址过程中，相应的科学评估主体是由各个方面的专业技术力量组成的，在开展科学评估活动过程中具有相应的人员优势。按照相应的技术标准，在进行选址、建设时需要召集由核物理、化学、地震、环境保护以及人文社会科学等多个专业领域的专家学者组成的评估主体，开展相应的风险评估活动。二是资金优势。从核能开发角度来讲，实施相应的核能开发行为需要投入巨额的资金与技术。而相应的核能开发主体在这方面拥有其他主体难以具有的优势——资金优势。在选址、建设等过程中需要针对地质、地震、气象、水文等科学要素开展相应的科学信息收集工作，而这些信息的收集又需要开展相应的科学调查与研究，由此便需要以强有力的资金作为保障。因此，应当由相应的核能开发主体作为识别主体。

为了保障在风险识别过程中风险要素识别的全面性、准确性、完整性，笔者认为，具体的风险识别操作过程应当是由独立于核能开发主体的风险识别主体独立完成的。为了避免因自身利益而导致被识别为风险的相关要素内容不完整、不科学，需要由相应的核能开发主体根据风险识别的需要，针对核能开发过程中可能出现的各种情形在与核能开发相关的专业领域内挑选专家学者，组成风险识别操作主体，收集和掌握相应的核能开发具体环节的信息与情报，通过开展科学试验等多种方式进行风险识别。

此外，我们还需要结合核设施的选址、建设、试运行、运行以及退役过程中其所处的周边环境，核设施运行对周边环境以及周边人群所产生的各种影响（包括有利影响以及不利影响，特别是在这个过程中对周边自然环境的自净能力造成的各种潜在性影响以及现实性影响）进行识别。因此，应当将核能开发利用行为、科学技术应用和对周边环境的影响作为核能开发过程中风险识别的对象。政府核安全监督管理部门所掌握的各种核安全方面的信息主要包括核安全方面的规范性法律文件，核设施开发利用各项许可证的颁发条件、内容以及其他相关性的信息。有关专家所掌握的信息包括有关核安全信息、核设施信息、核技术开发利用信息。

核设施的选址会直接影响到核能开发利用的后续行为。在这个阶段，核设施的选址主要是要考虑到多个拟选址位置的地质地理条件以及水源等自然条件，同时也要考虑到社会因素的影响。而在核设施的建设、试运行、运行以及退役过程中则主要是针对那些科学技术的应用以及核安全保障措施，在应用核能开发利用技术的过程中需要特别关注技术可能导致的风险性因素。需要特别重视的是极端条件下的自然因素以及极为细微的人为因素（如核设施运行人员、监督管理人员在核设施运行过程中按照操作规程所实施的各种行为）。在风险识别过程中，只有将这些行为全面纳入核能开发利用过程中的风险识别内容的范围内，才能尽可能减少被忽略的因素，从而尽可能得出全面的风险识别结论。此外，依据《核安全法》所成立的国家核安全专家委员会，其职能涉及对相关核能技术提供专家咨询意见。此时，为了推动核能开发利用各项活动的开展，特别是在初期的核设施选址过程中，专家委员会可以为相应的核设施运营单位的核设施选址活动提供一定的参考意见或建议。此外，核安全专家委员会可以依照《核安全法》所规定的内容，针对核设施选址许可以及相关活动的行政许可提供专家咨询意见，从而为后续的风险识别提供有益的意见和建议。

（二）风险评估

根据《国家安全法》的规定，国家需要建立风险评估机制。[1]在风险评估机制的建立过程中，首先要充分认识和准确把握科技风险的不确定性，将不确定性定位于一种潜在的威胁；其次要鼓励社会公众参与其中，转变科技专家和公众在风险分析与评估过程中由对技术掌握程度的不同造成的不平等地位，允许公众的合理建议和现实要求通过信息沟通以及其他管道反映到技术评估的具体开展与实施过程中，从而提高针对不确定性的

---

〔1〕《国家安全法》第56规定："国家建立国家安全风险评估机制，定期开展各领域国家安全风险调查评估。有关部门应当定期向中央国家安全领导机构提交国家安全风险评估报告。"

风险评估与决策的合理程度，以便维护广大公众的利益。最后，从评估的事实及价值取向入手支持和鼓励那些能实现长期社会价值和生态价值的技术。[1]在开展风险评估活动时，需要确立核安全目标，并且将核设施选址中的基本要素（如地质安全、地质结构、人文、社会基本情况等内容）列为评估的要素之一进行有效的评估。通过建立模型等方式针对被识别为需要开展评估的要素进行评估，从而得出相应的风险评估结果。

1. 风险评估的开始

首先，确立风险评估实施主体。风险评估的组织主体应当结合核安全目标和现实需要在风险评估专家组数据库里随机进行挑选，并设立人员选择与退出机制，选择那些与开发利用行为没有利益关系的专家组成风险评估实施主体。其次，明确风险评估实施的对象。在风险评估过程中，针对特定的核能开发利用环节，确立风险评估对象。将那些必须纳入的对象全部纳入风险评估对象的范围之内，并结合各种信息确定风险评估对象。此外，需要特别关注的是，能够参加风险评估活动的多数属于该领域内的专家学者，他们对被评估要素及评估程序等较为熟悉。当然，这里需要注意的一个问题是，部分专家学者已被纳入核安全专家委员会成员库。针对于此，核设施运行单位在主持开展的风险评估活动的过程中，在遴选风险评估专家组成员时，需要将有关专家排除在专家组成员之外，并且需要建立回避机制以确保相应的风险评估专家组成员在开展风险评估活动时不会因相关利益问题而导致风险评估活动存在瑕疵，进而受到不良影响。

2. 风险评估的进行

在风险评估过程中，结合实际的情形与现实需要，风险评估实施专家需要根据实际需要确立其开展评估的程序，特别是风险评估模型。在这个评估模型中，需要包含全部的科学技术信息，同时也需要根据实际情况将社会需要的信息以及公众对于相关风险评估的观点、意见以及建议等全部纳入风险评估的程序，从而更好地进行风险评估。在这个过程中，风险评估应当按照评估程序开展，首先收集各种信息，并确立评估模型，以便按照相应模型开展评估活动。针对风险评估，需要特别关注的是风险评估对

〔1〕 张小飞、郑晓梅："当代科学技术的文化风险与规制"，载《西南民族大学学报（人文社会科学版）》2014年第12期，第74页。

象、通用部件和系统的失效概率、环境因素以及相关的人的行为（诸如校准、测试、维护等）。[1]在确立风险评估模型的方式上，由相关的风险评估实施主体按照相应的风险评估程序，结合风险评估的要求开展相应的风险评估活动。在风险评估活动中，一方面需要关注核能开发利用活动中所可能采用的各项技术手段以及在核设施选址、首次装料、并网发电、商业运营、换料大修、退役以及相应的核设施在运营过程中产生的各种高、中、低放射性废弃物存在的风险，并进行专项、系统化的风险评估；另一方面则需要关注那些在核设施选址过程中应当考虑的人口、经济及社会因素，并对这些因素进行风险评估。针对这些非技术性因素指标，需要从法律、心理、社会学等多个学科开展评估，借助焦点小组、问卷调查、座谈访谈等多重方式进一步搜集和整理相关信息，从而对相关非技术性信息开展风险评估。此时，需要特别关注的是，评估主体针对技术性评估对象以及非技术性评估要素进行综合性的风险评估，而不是单纯地开展针对技术性风险要素的评估与针对社会性风险要素的评估。此时的风险评估应当就技术性风险要素在应用过程中可能产生的各种影响，结合社会性风险要素进行考量，从而得出更为全面的风险评估结论。

3. 风险评估结果的作出

在这个阶段，风险评估结果是风险评估实施主体按照风险评估的具体环节与程序在对具体信息进行评估的基础上作出的。为了尽可能保障风险评估结果的科学性和准确性，相关主体需要对风险评估的全过程、程序以及相应的信息进行全面核查，以便在此基础上形成风险评估结果。评估主体得出评估结果，应当有充分的事实根据和理由，只有这样才能保证评估结果的理性。此外，评估结果也要及时地向社会公开，并接受公众监督。[2]风险评估结果的作出是风险评估的阶段性成果，是相应评估过程的一个节点，同时也是新阶段的开始。为了更好地提高风险评估结果的科学性与准确性，核能开发风险评估专家组需要设置完善的风险评估程序，并公开相关的风险评估程序，严格按照其实施风险评估活动，以便得出较为

---

　　[1]　S. Lewn, "the Role of Risk Assessment In the Nuclear Regulatory Process", *Annals of Nuclear Energy*, Vol. 6, 1979, 284.

　　[2]　成协中："垃圾焚烧及其选址的风险规制"，载《浙江学刊》2011 年第 3 期，第 46 页。

科学、准确的风险评估结果。

4. 风险评估结果的后评估

核能开发利用过程中的风险评估活动是指核风险评估组织主体按照实际需要在风险评估专家数据库中随机进行挑选，并根据核安全的目标，按照风险评估程序进行风险评估。在风险评估过程中，风险评估实施主体中的专业人员受到其背景、专业知识等因素的限制可能会导致其在实施评估活动中难以最大限度地发挥作用。为了减少这种不利情况的发生，在风险评估实施主体按照程序进行评估并得出评估结果的前提下，风险评估组织主体应当在数据库中选择其他相关专业的专家组成风险评估的同行评价主体，并按照风险评估程序对原先数据进行有效的同行风险评估。这个程序针对的是已经作出的风险评估结论或者是报告，特别是关注那些风险评估主体提供的替代性方案或者具有预防性的措施。在风险评估的同行评价主体作出风险评估之后，应将风险评估实施主体与风险评估的同行评价主体所作出的结果进行比较，从而根据风险评估结果作出更好的选择。风险评估是风险管理的前提，具有极高的技术性和专业性。因此，由风险管理机构同时履行风险评估职能是不科学的。为了提高风险评估的科学性和中立性，必须成立单独的职能部门，由其独立实施风险评估。[1]具体的风险评估工作往往是由某个或某些专家完成的。对于风险评估是否按照当前科学共同体成员之间公认的适当方法和（或）标准得出可靠结论，作为门外汉的公众以及其他领域的专家是很难回答的。因此，由同一领域内相关专家对风险评估及其初步结论进行双向匿名评审，有助于从专业角度发现初步评估可能存在的瑕疵与错误，进而更好地确保评估结论的可靠性。[2]包括咨询委员会同行评审第三方审核等在内的专家制度并不能彻底消除与科学知识的有限性相伴的不确定性，也不能回复对专家的迷信，但可以有效地减少科学被（利益团体以及受利益团体操控者）滥用的可能，建立对科学技术及专家的合理或适度信任，从而有效地减少风险规制机关藏匿于科学

---

〔1〕 刘畅：“基于风险社会理论的我国食品安全规制模式之构建”，载《求索》2012 年第 1 期，第 150 页。

〔2〕 沈岿：“风险评估的行政法治问题——以食品安全监管领域为例”，载《浙江学刊》2011 年第 3 期，第 22 页。

之后的可能性。[1]借助风险评估的同行评估行为，减少风险评估结论中的不科学性问题以及可能被忽略的问题。

　　为了形成科学、准确、客观的风险评估结果，相关主体需要对风险评估的整个环节、过程以及相应的结果进行同行评价，以便形成最终的风险评估结果。政府在风险评估过程中往往占据着主导地位，对于政府在风险社会中面临的各种挑战以及专家之间经常发生的认知分歧，相应的解决之道不在于消除分歧，而是应当从制度变革着手，并结合具体要求，形成一套适合的制度或机制，通过扩展与开展对话民主，促进分歧各方不断开展对话，以便更为有效地确定最终应根据谁的观点进行决策。通过对话而不是权力或暴力去处理和解决各种矛盾与问题。同时，由于风险可能造成的不良影响事实上关系到社会中的每一个成员，并与社会公众的切身利益有着密切的联系，因此需要有效地认知与应对风险。在应对风险过程中，应提高政治决策过程及内容的透明度，并在风险沟通过程中通过拓展、深化对话的范围与深度，充分、有效地利用现代科学技术手段（特别是信息交流的工具与方式），让公众充分、有效地参与到具体活动之中，并在政府、专家、公众三方之间开展积极、深入的对话与交流。此时，政治及法律的任务是借助法律程序赋予这种对话以一定的制度形式与内容，通过规则的落实来保证相应政府决策的科学化和民主化。[2]事实上，实现风险沟通以及风险评估结果的再评估或后评估，有助于明确专家角色的有限性和中立性。[3]同时，建立和维持民众对于专家的信任的制度与机制也是多种多样的，除了咨询委员会制度，还可引入同行评审机制和第三方审核机制等。这些机制与措施可以作为风险同行评估活动开展的具体方式。通过程序设计，结合风险评估的具体要求来进行适当的程序调试，以期更符合风险同行评估的现实需要。为了实现对风险评估结论的再评估，2019年设立的核安全专家委员会专门针对风险评估结论开展了风险评估活动。对风险评估结论的再评估需要相应的风险再评估专家组成员设立相应的风险评估程序

〔1〕　金自宁："技术风险的制度回应——对当前转基因之争的一个评论"，载《绿叶》2013年第12期，第30页。

　　〔2〕　刘婧："风险社会中政府管理的转型"，载《新视野》2004年第3期，第44页。

　　〔3〕　金自宁："技术风险的制度回应——对当前转基因之争的一个评论"，载《绿叶》2013年第12期，第32页。

以及评估模型、评估模式。在相应的再评估活动中，可以参考同行评审机制和第三方审核机制来建立和完善风险评估结果的再评估模式，从而实施相关活动。

（三）风险沟通

日本福岛核泄漏事故发生后，社会公众开始高度关注核安全，项目周边群众参与决策的意愿也越来越高，核电企业的公众沟通工作面临着全新的挑战。为此，核能企业正在不断从转变沟通方式、创新沟通平台、提升行业沟通能力等多方面努力，致力于建立透明、可参与的核能行业公众沟通长效机制，保障公众的知情权和参与权，并营造良好的公众沟通社会环境。同时，增强核能企业与地方利益的关联度、有效实现与地方的融合发展，这也是核能公众沟通工作不可或缺的重要组成部分。[1]面对这些困难，亟须借助更多科学化、现代化的工具为核安全监管的审评、监督、监测、应急、管理、决策提供技术支撑，加强对核能和核技术利用的公共宣传、信息公开和公众参与，促进我国核能及核技术利用事业健康发展。[2]在化解各界的对立、建立可接受的共识之前，了解民众对于核能政策的态度及成因，将是未来政府进行风险评估、管理及沟通的重要基础。[3]而建构一个适宜的分析架构来理解民众核能风险感知的来源及政策偏好的成因，将是现阶段风险治理的重要工作。

1. 风险信息的收集

当前，核能开发利用主体在选址、建设、试运行、运行、退役等阶段，需要进一步收集相关信息。

首先，需要收集的是选址、建设、试运行、运行、退役等方面的各项基础信息。这些基本信息包括核能开发活动中产生的、前提性的基本信息，主要是指那些涉及地理、地质、水源、风向等多方面的信息，这些信息直接关系到核能建设开发利用的选址安全问题。对于核能开发，相关主体首先需要特别关注的是选址安全问题。

---

〔1〕 孙浩："核能在我国还有较大发展空间"，载《中国环境报》2020年6月22日。

〔2〕 孙浩："拥抱大数据时代 守护数字核安全"，载《中国环境报》2019年12月2日。

〔3〕 T. Aven, O. Renn, *Risk Management and Governance: Concepts, Guidelines and Applications*, Heidelberg, DE: Springer, 2010.

其次，应当收集在核能开发过程中将被应用的核能开发技术（特别是第三代核能开发利用技术）的信息。在这个过程中，我们需要关注的是那些技术在开发以及应用过程中的各种信息，主要包括在开发等阶段相应技术信息的开发、利用、储存和应用。这些信息直接关系到核能开发利用过程中相应技术信息的安全性问题。

再次，需要注意的是相应的技术开发应用过程中的风险信息，特别是那些技术在实际应用过程中，以及在特定地理条件下的各种信息。这些信息对于核安全问题具有重要的意义：一方面，这些信息直接关系到核能开发的技术发展；另一方面，这些信息在特定条件下会因为特殊情况的存在而诱发各种问题。了解这些信息有助于预先采取措施去减少可能存在的风险问题，并将这些信息纳入风险沟通的范围内。

最后，需要特别注意收集的信息是在核能技术实际应用与运行过程中可能存在的各种信息。这些信息一方面是由相应的核能开发利用主体收集的；另一方面则是由核能开发利用监督管理主体针对核能开发利用过程与程序收集的，既包括积极信息，也包括那些消极信息。在开发利用过程中进行信息的收集与储存应确保信息储存的安全。

此外，对于上述各种信息，特别是风险信息，在收集的基础上，也要按照特定的程序与要求对所有收集到的核能开发利用过程中的信息（特别是环境风险方面的信息）进行汇总，并结合特定的要求进行保存。此外，来自媒体（网络、电视台、报纸）的代表也应被纳入相应的核安全风险信息沟通的代表团，这个代表团当然还包括行业内人士、主管部门、媒体代表和环保组织。[1]通过风险信息交流主体开展风险沟通互动，可保证行政主管部门以及其他主体实现信息内容的丰富性与多样性。

与此同时，还需要收集的信息是那些存在于核设施选址、核能开发建设过程中与核能开发利用有关的环境保护信息，特别是人口、经济与社会等多方面的非技术性信息，核设施选址、核能开发利用以及相关地区人群对有关核能开发利用建设所持心理的信息。这些信息在风险沟通过程中也

---

〔1〕 OECD, "The Fukushima Daiichi Nuclear Power Plant Accident: OECD/NEA Nuclear Safety Response and Lessons Learnt", http://www. oecd-nea. org/pub/2013/7161-fukushima2013. pdf. 2013, p. 37.

会对核能开发产生重要的影响。当一个地区的人群对拟选定该地区的核设施选址、核能开发利用配套设施等活动持有强烈的恐惧感〔1〕时，其往往会对相关核能开发活动持强烈的反对态度。这种情况在我国广东江门鹤山核燃料设施选址、湖南桃花江核电站选址等案例中已有明确反映。

基于此，在对风险信息进行收集时不能简单地将风险信息等同于核能开发过程中技术应用可能产生的不良影响甚至是严重损害方面的信息（当然这些信息也是风险信息收集的重点内容之一）。同时，相关主体特别需要借助信息公开与收集等活动收集和整理公众对核能开发所持有的观点和意见，通过对相关意见的整理，分析公众对核能开发项目中哪些活动最为担心、担心什么以及为什么担心，并将相应信息添加到前期风险收集到的风险信息体系内。在不断收集、整理相关环境风险信息的基础上，加强相关信息体系建设，从而为风险沟通提供有利的条件。

2. 风险信息的交流

核能的开发与利用，既涉及开发过程中核设施的选址、建设、试运行、运行以及退役等各种信息，也包括这些信息在运行过程中所进一步更新与发展、特别是在运行过程中所收集到的各种信息，在对信息收集与汇总的基础上相关主体应就相应信息进行传播、交流与沟通。

核能开发过程中的信息公开。对涉及核能开发利用的信息（特别是风险信息的信息）进行传播，需要在信息收集与汇总的基础上按照规定进行保密处理；对那些不涉及核能开发利用过程的各种信息（主要是风险信息）进行公开，应按照法律规定的措施，诸如信息公报、核能开发利用企业以及监督管理主体的企业网站、信息简报以及其他法律规定的措施。在公开的同时对信息公开的具体情况进行报道，并就相应内容通过电视台、电台、广播、报纸等途径进行信息公开，从而促使更多的人获知相应的信息，从而打通信息传播的途径。这种信息公开应该是强制性法律义务，以保障公众的知情权。在这个过程中，需要关注的是这些信息的真实性以及

---

〔1〕 随着 2011 年 3 月 11 日日本福岛核泄漏事故的爆发，我国沿海各地区相继在蔬菜中检测出微量的核辐射物质，此新闻报道出来后我国多地区发生了"抢盐风潮"。虽然后来经过政府的出面解释，以及新闻的多次宣传报道，"抢盐风潮"逐渐平息，但是带来的却是民众对核能开发利用支持度的下降。

有效性，特别是对于那些涉及有关核能开发利用过程的各种信息。此外，还可以通过各种有效的信息表达方式（比如绘图、三维立体图像、视频等），对信息进行公开，以有效地促进信息传播。与此同时，规制主体需要建立有效的、具有可操作性的风险沟通规划、计划，从而满足核安全规制的需要。[1]此时，为了实现信息公开的效果，相关主体需要关注特定地区人群对信息的了解和接受方式、途径以及效果等，并根据相关内容专门针对需要公开的信息进行整理，特别是对于那些专业术语、专业技术内容，需要风险信息公开主体进行认真研究，尽量使用通俗易懂的语言、图像、图形、三维动画、短视频进行公开。同时，为保障信息公开效果能够得到落实，风险信息公开主体在必要时可以立足于传播学、心理学等研究成果，采用符合大众心理认知和传播要素的信息传播方式开展信息公开活动，从而为后续相关活动的进行提供有效的基础。

风险信息的传播是风险沟通过程的一个重要组成部分，它在风险沟通中起着连接风险信息公开和风险信息交流的作用。在风险信息传播过程中，风险传播既要求对相应的风险信息进行公开，同时也需要按照要求进行信息传播。相关主体在信息传播过程中首先需要特别关注的是信息传播的有效性问题，即核能开发的风险信息需要实现有效的传播，通过多种信息传播手段（诸如报纸、网络、新媒体等）将有关核能开发利用过程中发生的各种信息（特别是风险信息）公开，并采用普通公众能够理解的方式来进行传播。此外，在核能开发利用信息传播过程中，首先是由风险信息掌握主体进行信息传播，这个过程包括由核能开发利用主体以及核安全的监督管理部门，根据各自的职责和要求，按照特定的目标和追求，将各自所掌握的信息按照法律程序进行信息公开与传播。在风险信息的传播过程中，需要特别关注的是相关传播效果和传播影响力。在专门针对核能开发可能涉及的风险信息进行传播时，需要关注传播手段和传播方式可能产生的传播效果。此时，为了保障风险信息传播的效果，风险信息传播主体需要吸纳来自传播学、心理学等专业领域的专家学者，帮助其设计传播路

---

〔1〕 OECD, "The Fukushima Daiichi Nuclear Power Plant Accident: OECD/NEA Nuclear Safety Response and Lessons Learnt", http://www.oecd-nea.org/pub/2013/7161-fukushima2013.pdf. 2013, p. 56.

径、传播要素、传播方式，同时还可以专门针对特定地区风险信息公开和传播的接受主体进行社会调查，了解相关主体的心理偏好，在设计传播方式时加以参考，并为相关传播提供有效途径，从而进一步保障相关风险信息传播的实际效果得到落实。

3. 风险信息的沟通与互动

核能开发利用是一项具有高科技性的活动，在此活动中，我们需要实现安全目标。一方面需要借助技术手段来确保核安全目标的实现；另一方面则需要依靠公众参与来掌握和了解更多的核能开发利用信息。在掌握较为全面、丰富信息的基础上，相关主体应根据程序作出科学的决策，在此基础上采取各种措施来促使核安全目标实现，尽可能减少核能开发利用过程中可能存在的风险问题。此刻，对于风险信息的交流需要明确双方主体，即风险信息的掌握及公布主体与受众主体。在核能开发利用过程中的风险信息掌握主体包括核能开发利用主体以及核安全的监督管理部门。在这个过程中，需要信息主体按照有关程序进行风险信息公开。同时，由于风险信息掌握主体的不同，导致风险信息在信息公开以及交流过程中存在差别，这是因为核能开发主体看重的是追求核能开发的营利性目标，而核安全监督管理部门则需要注重监督管理目标的实现。在有关核安全（尤其是核能开发可能出现的）风险规制过程中，就风险沟通来讲，应当通过不同利益群体之间的沟通与交流，最终达成共识。[1]

因此，在风险信息交流过程中，需要实现风险信息的掌握主体与接收主体的沟通与交流。通过听证会、论证会、讨论会等形式来就相应的核能开发风险信息进行有效的交流，并在交流过程中，通过对相应的信息进行多次交流与反复沟通，对有关信息进行联系与校对；借助交流与沟通实现风险信息的双方主体就各自所掌握的信息，通过有效的程序进行有效的交流，从而实现核能开发过程中的各种信息（特别是环境风险信息）的交流。政府机构或承担风险评估与沟通任务的政府工作人员在进行风险评估和沟通时应当充分认识和理解在特定的风险问题上专家与公众的认知分歧所隐含的意义。专家与公众认的知差异产生的另一个主要原因是对风险定

---

〔1〕 孙庆斌："从自我到他者的主体间性转换——现代西方哲学的主体性理论走向"，载《理论探索》2009 年第 3 期，第 15 页。

义的认知不同。对风险概念的理解偏差在现实中极易形成风险沟通障碍，也就是说，在风险沟通过程中，沟通双方可能不是在一个标准前提下或者一个层面上探讨问题，双方理解问题的基础没有实现统一，基于这种情形，这样的沟通显然是无效的。[1]

在核能开发利用过程中，技术应用以及核设施的选址、建造、试运行、正式运行以及退役等活动在实践中直接关系到核安全目标的实现。在这个过程中，需要对风险信息进行收集、交流与互动。核能开发利用活动在实施过程中不仅需要借助技术措施来保障核设施的运行安全，而且也需要鼓励更多的公众参与到核设施的运行过程之中，通过发挥公众参与的作用，更好地推动实现核安全目标。在公众参与过程中，首先需要实现的就是公众所掌握的信息与相应核能开发主体以及核安全设施的监督管理部门所掌握的信息的互动，从而实现信息共享，并基于此在决策过程中作出恰当的、科学的选择。

如何实现各个信息主体掌握的信息的沟通与互动？在风险沟通过程中，相应的程序主要是依靠听证会、论证会等程序，由双方就各自所掌握的信息进行交流。通过"交流—沟通—交流"实现互惠，然后依照法律程序就核设施选址、建设、试运行、运行、存在的各种疑问以及内部不确定性问题进行深入的互动沟通，结合相应的疑问，就专业的科学知识进行解释与说明，从而在沟通的基础上达成共识。在沟通与交流过程中，在尚未就某些问题达成共识的情形下，也应当按照程序，在掌握较为充分的信息的基础上，就相应的问题继续开展沟通与交流。人们往往十分关心其接触风险的自愿性、风险是否具有潜在的恶性（灾难性）后果、风险是否会引发恐慌，以及风险管理者能否因专业和关怀式管理而得到公众的信任。公众的观念应当得到重视与尊重。虽然不能排除公众风险感知错误的存在，但是相关主体应科学、准确地理解公众对风险的关注和要求的合理性、合法性，并将其视为一种理性。在风险决策和管理中融入公众的观念，建立

---

[1] 柳恒超："风险的属性及其对政府重大决策社会风险评估的启示"，载《上海行政学院学报》2011 年第 6 期，第 93 页。

风险事件相关各方之间的信任，有助于解决风险冲突。[1]一个称职的风险规制官员不一定要成为所有问题的行家里手，但其要能理解科学和科学政策问题，尽量具有相关专业及其他专业领域的知识，并有能力、有实力就该领域内的各种复杂性风险问题与专家学者进行沟通。[2]

实现专家与公众之间的信息沟通，在效果上既能够消弭这两种认识之间的差异，又能够让这两种不同主体的认知的优势互补的方法是设置相应的风险沟通程序，即通过一定的平台（如互联网、媒体）在专家和公众之间不断地交换各自所持有的风险信息和观点，在这个过程中一方面是帮助公众通过掌握认知理性克服风险信息认知中的偏见或障碍，以尽最大可能让公众对风险事件及风险因素、后果进行客观、准确、科学的解读，而不是轻易地被无关的风险因素所干扰。[3]另一方面是让专家能够更加全面地了解公众的价值偏好，从而使得风险规制目标的选择更具有正当性和准确性。

在开展风险沟通的过程中，有效的风险沟通需要注意以下两方面问题：第一，专家和公众之间需要建立一种信任关系。虽然风险沟通是实现专家和公众之间相互作用的过程，但对于大量的公共风险事件的存在与发生，专家总是处于主导地位，而公众则被动地处于接受信息以及询问信息的位置。因此，风险管理专家能否将公众视为合作伙伴对于实现和确保沟通的有效性具有决定性的影响。如果一味地采取决定、宣布、辩护等方式进行沟通，那么将很难与公众建立起真正的信任。第二，风险管理专家应当以一种平易的，而不是令人费解的、具体而不是概括的方式沟通，并且尽量使用生动的、新鲜的风险信息。[4]在科技风险规制的政策制定过程中，通过协商民主及类似的政治过程，使各方参与者能够自由地、公开地表达或倾听各种不同的观点、意见与理由，通过理性认真的思考，审视各

---

〔1〕 伍麟："从'教育'到'信任'：风险沟通的知识社会学分析"，载《社会科学战线》2013 年第 9 期，第 183 页。

〔2〕 宋华琳："风险规制与行政法学原理的转型"，载《国家行政学院学报》2007 年第 4 期，第 61～64 页。

〔3〕 谢晓非、郑蕊："风险沟通与公众理性"，载《心理科学进展》2003 年第 4 期，第 380 页。

〔4〕 戚建刚："风险规制过程的合法性之证成——以公众和专家的风险知识运用为视角"，载《法商研究》2009 年第 5 期，第 59 页。

种理由，或者改变自身的偏好，使专家的意见经过民意的收集、酝酿与充分发酵，促使政策张力达到最大化。目前，新媒体及自媒体的出现与发展为风险沟通的有效进行提供了可能性，新媒体的交互性与实时性、海量性与共享性、个性化与社群化的传播形态为各方参与者有效地参与到政策的制定过程中提供了更加丰富的手段和更加便利的条件。[1]在必要时，面对不同的风险主体，可以基于其对信息的不同要求来进行整理和反馈，将需要沟通的各中心信息进行整合，并以不同的方式呈现出来。如针对专家学者需要特别强调相关基础数据的全面性、分析模型的科学性；针对非政府组织需要在强调该项目安全性的同时，强调对周边生态环境可能产生的影响；对公众则需要强调该项目可能会给人身生命健康财产安全以及周边生活居住环境造成的不良影响和将要采取的各种措施。

4. 风险信息沟通的完成

针对核设施的选址、建设、试运行、运行以及退役过程中相应的核能开发行为，我们需要强化信息的沟通与交流。由于风险信息沟通是实现核能开发风险规制的重要前提与基础，而准确实现风险信息沟通对于促进核安全恰恰具有重要作用。风险信息沟通目标的实现，既包括准确的风险信息收集，也包括按照有关程序与规定对收集到的有关信息进行汇总。通过有效地汇总这些信息，为实现风险信息沟通提供有效的基础和前提。在风险沟通过程中，相应的目标在于实现对公众科学知识素养的提升以及改变专家对公众认识的理解。[2]

此外，在有效、全面地收集核能开发过程中的相应信息的基础上，应通过风险信息交流，借助新闻传播有关理论的指导以及实践活动，结合当前社会转型的实际背景以及风险社会沟通的有效目标与要求实现风险信息传播。通过传播手段向有关的公众以及信息主体传播风险信息，使其在特定的情形下能够有效地掌握这些信息。在这个环节中，基于风险因素，一个细小的风险因素在特定情况下也可能酿成巨大的风险灾害，这样的灾害

---

[1]　宋伟、孙壮珍："科技风险规制的政策优化——多方利益相关者沟通、交流与合作"，载《中国科技论坛》2014年第3期，第46页。

[2]　T. Horlick-Jones et al. , "On Evaluating the GM Nation? Public Debate about the Commercialization of Transgenic Crops in Britain", *New Genetics and Society*, 2006, 25（3）: 265~288.

也将会对核设施的运行以及其周边的环境造成严重的损害。同时，即便存在着自然环境的自净能力，但在短时间、狭小范围内核辐射的大量存在与爆发将直接给不特定人员身体、生命、健康财产造成各种严重的损害，甚至是严重的不可逆的重大影响。基于此，我们需要针对风险问题，特别是那些潜在的重大风险因素，借助沟通程序实现风险信息交流，使相关主体能够掌握更为全面的信息。在此基础上，结合自身的实际需要，特别是基于环境保护、人身生命健康安全的需要，作出科学的发展决策，从而更好地实现核安全发展目标。

在应对核能开发风险的过程中，要保障公众知情权以及满足科学知识普及的要求，必须借助有效的风险沟通措施，特别是风险沟通的程序设计。对于风险沟通，需要借助有序的、严密的程序设计来降低可能存在的因程序设计疏漏而导致的风险问题。对于程序设计，既要考虑到相应程序的内容，同时也要考虑到实施程序的主体，结合程序设计的主体来设计程序，完成应当由各自程序完成的任务，在履行有关职责的基础上达成风险沟通的目标。在此过程中，需要将风险沟通的主体、内容、程序等按照实际需要进行设计。此外，特别需要关注的是风险沟通的双向性，也就是其与一般的信息公开的不同之处。在这个环节中，既要由那些掌握着核设施运行的主体按照有关法律程序进行信息公开，也要由处于核设施周边地区的公众将自己所掌握的各种信息（特别是将自己所掌握的实质性信息）以及相应的利益需求通过法律规定的程序与途径向核设施运行主体以及核安全的监督管理主体进行反馈。同时，按照程序实现相应信息的沟通与交流，借此形成相应主体之间的信息共识，从而更好地实现目标与发展要求。

核设施开发过程中，我们需要借助风险规制实现风险沟通的目标。在这个过程中，既需要按照法律规定程序以及内生性的程序要求来完成风险沟通的目标，也需要从目标的达成情况以及具体的实现效果入手来实现风险沟通。在核能开发过程中，风险沟通是风险规制的前置性条件，需要从整体上设置风险沟通的目标。

需要针对风险沟通确立有效的风险沟通成果评估程序。风险沟通成果评估程序的目标在于通过程序来对风险沟通程序以及有效性成果进行评估。这个程序主要包括以下内容：第一，评估风险沟通的实施主体，通过具有双方性的风险信息主体来实施风险沟通，其直接构成了风险沟通的前提。在风险沟通程序中，风险信息主体会传播自身所掌握的各种信息。风险信息接收主体会按照法律程序将有关信息反馈给环境风险信息主体，促使环境风险信息主体与接收主体进行来往式的信息反馈，针对在风险交流过程中出现的有争议性的问题进行沟通，并就这些争议性的问题达成共识。因此，评估性的程序应当就实施主体进行深入的评估，包括参与风险沟通的主体，相应主体的全面性，风险沟通主体的收入、教育等多个因素，并基于此决定参与主体。第二，评估风险沟通的程序性问题。在这个过程中，需要实现这一程序的准确性，基于此，要实施信息收集—信息汇总—信息公开（信息公布）—信息交流—信息回馈—共识达成等程序。因此，风险沟通程序需要进行进一步的评估，对于风险沟通程序的评估，也需要结合实际情形来进行，从而形成最大的收益。

信息接收程序的设计。在风险信息传播与公开的基础上，信息接收主体应依照特定的要求与程序反馈其所收集与掌握的各种信息，并结合风险沟通的具体要求以及自身的实际要求提出自己对于核设施的选址、建设、试运行、运行以及退役等核能开发利用行为的观点。风险信息主体与接收主体借助对话平台等方式来实现交流与沟通。基于此，相应的评估应当完整保存这些对话、交流过程中所形成的各种信息，特别是文字以及视频信息，并依照程序设计来进行评估。最后，对风险沟通的最终结果以及交流效果也要进行深入的评估，其目标在于保障评估结果的有效性，以收获更好的风险沟通结果。

为了保证相应风险沟通结果的有效性，相关主体需要针对风险沟通的结果进行程序性的评估。由于风险沟通的效果直接关系到相应风险规制整体运行的实际效果，因此在这个过程中首先需要确保风险沟通结果能够有效、充分地反应核能开发利用过程中信息公开主体与信息接收主体在信息沟通过程中就各种问题通过交流所达成的共识性意见与问题。此外，评估程序也需要对相应沟通结果按照程序进行评估。在沟通过程中由信息沟通的双方主体就不断往复进行的各种风险沟通过程中所形成的信息问题达成各种共识，同时针对在信息沟通往复过程中不断出现的新问题、新信息进行更好的沟通，并收获更为全面、有效的风险沟通结果。在这个环节中，需要特别注意的是要实现对信息的双向交流，首先实现风险信息的传播，从而更好地借助相应的风险信息公开来促使相应的信息公布与信息交流。既要首先重视对信息主体进行选择，也要重视由相应的主体来选择对其所掌握的各种信息进行信息公开。

（四）风险决策

风险决策，对于促进核能开发利用，强化落实核安全目标来说具有直观的作用，主要是因为决策结果直接关系到相应行为的实现与否及其最终结果。风险规制，需要强化与设计安排核能开发利用过程中的风险决策程序。体系化、系统化的风险决策程序能够保证风险决策主体在已经掌握风险评估信息的基础上，结合现实条件以及实际需要作出科学的判断与选择，选择那些有利于核能开发利用的科学技术以及核能开发利用的技术措施、装备、设备等，从而减少、降低在核能开发利用过程中可能出现的风险性问题。因此，科学、有效、有序的风险决策程序设计需要获得足够的关注。科学化、系统化的决策程序是保障风险决策合理化的有效前提，可以通过系统化的程序建构，使各种风险观点能够在一个有效的沟通平台上进行理性的交换、充分的论证等，进而使决策者在进行决策时能够最大限度地保证考虑的范围足够广泛，以便实现决策的合法性。[1]

1. 风险决策的开始

风险评估结果的作出是在受到严格的同行评价的基础上完成的，这是风险决策的前提条件和基础。在已经完成的风险评估的基础上，风险规制的主持召集主体或者实施主体会按照要求组织成立风险决策实施主体。风险决策实施主体的选择与构成将直接关系到风险决策结果的有效性。需要确保风险决策实施主体的广泛性、全面性。在风险决策实施主体成员确定的基础上，由风险决策实施主体实施相应的风险决策程序。由于风险决策的实施主体在人员构成上并未完全涵盖原有的风险信息沟通以及风险评估的组织主体与实施主体，风险决策的实施主体事先并未完全掌握相应的风险沟通信息以及风险评估的结果，因此风险决策实施主体需要首先了解和掌握风险信息沟通和风险评估的具体程序和结果。

---

〔1〕 王洋：“风险决策合理化的行政法思考”，吉林大学 2015 年硕士学位论文，第 6 页。

在这一环节中，需要特别关注的是，如果风险评估的结果内容中包含了大量的专业术语，风险决策主体便需要邀请专家和学者以通俗易懂的方式与语言解释和传达风险评估结果的实质性内容，以便风险决策实施主体能全面地掌握风险评估结果中所包含的各种信息、风险信息沟通过程中所出现的各种争论以及其他相关信息。在确保结果有效的基础上，风险决策方可进入下一个环节。

2. 风险决策的进行

在风险决策实施主体较为全面地掌握风险评估结果、此前所完成的风险信息沟通的结果以及相应信息的基础上，风险决策正式开始进入决策环节。在这个环节中，风险决策实施主体的主要任务在于根据风险评估的结果在现实条件以及现实需要的基础上作出风险决策。在这个环节内，需要风险决策实施主体针对核能开发利用过程中所涉及的核设施的选址、建设、试运行、运行以及退役等方面的活动在现有的科学技术条件以及相应的核能开发主体的施工条件、施工技术等方面进行抉择，要求所选择的最终结果能够满足核能开发的实际需要，且能够通过预先设计并应用的科学技术措施去预防和降低在行为实施过程中可能引发的各种不利性后果甚至是不可逆转的严重后果。同时，在风险决策过程中同样需要就替代性方案或者措施作出选择，并应确保相应替代性方案与措施的科学性，以尽可能地降低替代性措施所蕴含的不良后果及风险要素。我们需要特别关注的是，风险决策的实施主体由不同的利益代表以及相应的科学技术专家组成，不同的主体对风险评估的结果在认识上存在一定的差异，且其事实上可能受到的风险决策的潜在影响也不同，这些因素对风险决策的作出具有十分重要的意义。因此，对于不同的风险决策主体在决策过程中所持有的不同见解，风险决策实施主体需要进行积极的沟通与了解，在彼此了解各自所关注的重心的基础上，协调作出合适的风险决策。

如果在风险决策过程中，不同的风险决策实施主体对特定问题（如核设施的选址、建设、试运行、运行等）持不同的见解且在风险决策实施期内无法有效地达成共识，那么便需要将这种情形出现的原因以及分歧所在明确告知风险决策组织主体，由其进行协调，以便就特定分歧问题达成共识。如果风险决策的实施主体所持观点差异严重或者是分歧明显，在必要的情况下可以由风险决策组织主体按照比例原则扩大风险决策实施主体的人员组成，通过寻求更多的风险决策的共同认识来形成风险决策的结果。假如扩大后的风险决策实施主体在风险决策期内也未能就相应的问题达成共识、作出风险决策，那么便需要将现实发生的具体情况报送给风险决策组织主体，以便寻求最终的解决方式。相关主体通过不断的交流与沟通达成共识，最终形成风险决策成果。需要在科学决策过程中引入公众参与，一方面是出于风险的普遍性特征的现实需要。（现代社会中的风险的影响是全员共担的，风险的有效应对有赖于在社会共识基础上所采取的集体行动。而相应的社会共识不是简单地由某个当事人事先给出的，而应是在遵循公正、公开原则的基础上各方互动的结果，在这个过程中要体现对所有当事人利益的平衡。）另一方面则是出于公众对决策后果的承受能力的考虑。如果公众参与了决策的全部过程，在决策过程中，对决策的各种可能的结果已经作出过相应的权衡，在这种情况下，即使最坏结果真的发生并成为现实，大家也都有了一定的思想准备，并了解和掌握了相应的应对不良后果的方式及措施等，从而在面对最坏后果时不至于因恐惧、情绪失控等缘由而实施各种极端行为，这在一定程度上能够降低因决策不良而可能给社会带来的破坏的程度与影响。[1]因此，应在决策过程中强调决策程序的科学性、民主性，保证相应结果的民主化，从而为核安全目标的实现提供决策依据。

3. 风险决策结果的作出

风险决策实施主体应在了解和掌握风险评估结果以及之前所开展的风险信息沟通的基础上，按照"交流—回馈—交流—达成共识"的程序，在风险评估的基础上就风险决策作出相应的决策。这一决策的作出，需要针对风险决策对象、决策内容，且能够在事实上获得风险决策实施主体的支持。由此，我们可以发现，风险决策需要由风险决策实施主体通过自己的行为在现有条件及现实需求的基础上按照法律等规范性法律文件中所规定的程序作出。风险决策须能够获得风险决策实施的大部分主体的同意与认可，如果在决策过程中就特定问题（主要是那些不属于核心性的风险决策

---

〔1〕 张燕、虞海侠："风险沟通中公众对专家系统的信任危机"，载《现代传播（中国传媒大学学报）》2012年第4期，第140页。

内容），少数的风险决策主体成员仍然存在着疑虑，可以将相应的决策过程与结果记录下来，形成风险决策过程报告，并对这部分风险决策主体的观点进行充分的描述与说明。在风险决策结果作出的过程中，相关主体需要对风险决策内容进行讨论，并在讨论的基础上形成结论。在此环节内，需要关注的是要对相应讨论的环节、过程（特别是讨论的内容形成的文字材料以及视频材料）进行严格的保存，必要时可将其提交给风险决策的组织主体。在风险决策过程中，风险决策须在充分沟通与交流的基础上作出，以避免因部分决策主体未能充分、有效地表达其对于风险决策的前提、对象、内容、程序的意见、建议而造成信息不对称，进而产生风险决策结果不全面等问题。

4. 风险决策的完成

在风险决策结果作出之后，需要由风险决策实施主体将其所作出的风险决策结果提交给风险决策组织主体，并由风险决策组织主体将风险决策结果借助多种媒体手段、方式向可能受到核能开发利用活动影响的社会主体公开。如果在风险决策实施期间内风险决策实施主体未能就有关问题达成共识，且具有较大的争议，则需要由风险决策实施主体将全部信息记录在案并将其提交给风险决策组织主体，开展信息公开活动，进而履行信息告知义务。

在这个过程中，风险决策的组织主体可以通过决定、决议等形式解散现有的风险决策实施主体，并按照风险决策主体的要求重新挑选相应的决策人员组成新的风险决策实施主体，由新的风险决策实施主体对原有的风险决策对象、决策内容以及在原有风险决策过程中所面临的实际问题、新出现的问题进行重新讨论，以形成最终的风险决策结果。在新的风险决策实施主体作出风险结果后按照法律程序将风险决策结果提交给风险决策的组织主体，并由其对风险决策结果进行公开。此时，仍应开展风险沟通活动，在满足公众知情权的同时获得公众的认可。在风险决策组织主体对已经形成的风险决策结果进行公开的基础上，由风险决策的组织主体设立意见反馈收集程序以及信息反馈收集方式，着手收集可能受到风险决策结果影响的或者那些可能受到核能开发活动影响的公众群体就相应的风险决策结果所提出的各种意见、建议并将其及时、全面地反馈给风险决策的组织主体，以便其最终了解和掌握风险决策的结果以及公众所提出的意见建议。在此基础上，由风险决策的组织主体就风险决策的结果决定是否通过风险决策以及在何种程度上通过风险决策，并对这一决定进行公开发布。

专家能够进入风险规制的决策领域是因为决策者希望通过借助专家的知识与理性来提升决策的理性水平，但是在风险规制中存在着大量的价值判断，这些价值判断事实上要求决策者从政治和法律等多方面保持经常性的控制与管理，决策的最终权力必须被掌握在相应的监督管理部门手中。此外，事实上受到决策影响的群体依照法律规定的途径与方式也可以通过法律手段与途径合法地表达需求。[1]

政府的风险决策不可能是一劳永逸、一成不变的。随着科学技术水准的提升、政府监管能力的提高和人们有关风险认知能力的加强、认知水平的提升，各种风险的暴露危险会时常随着具体情形的改变而改变。为此，在具体活动中，政府应当定期对这种具有高度风险的决策制度进行反思，并结合现实中技术风险的发展和社会情势的变化所存在的各种因素，对先前所作出的各种风险决策不断地进行检视和矫正。[2]对风险决策程序以及结果方面的具体情形进行适当的修正，借助修正更好地发挥风险决策在风险规制过程中所具有的科学性、民主性作用。在运行风险决策过程中，应强化程序的运行，从而保证风险决策结果的民主性、科学性。在进行风险决策的过程中，需要特别注意的是，在风险决策时需要建立相应的保障机制，其目标与内容在于实现保障风险决策的科学性。由于核能开发利用在现实中存在着"高科技性、低发生率、高损害性"的特征，因此，在核能开发过程中确定需采取多高层级的安全防护措施也是必要的，但是此时相关主体需要明确相关内容的全面性，而不是单纯地立足于技术要素作出决策。应综合、全面地考量风险的产生原因以及可能造成的结果（结果既包括由核损害的发生导致的自然环境损害，也包括发生后给周边人群造成的生命、健康、财产损害，特别是需要考量可能对周边人群所造成的心理创伤），从而在作出决策时尽量全面地考量各种因素（此外，还需要考量相

---

〔1〕 王锡锌："我国公共决策专家咨询制度的悖论及其克服——以美国《联邦咨询委员会法》为借鉴"，载《法商研究》2007年第2期，第113~121页。

〔2〕 成协中："垃圾焚烧及其选址的风险规制"，载《浙江学刊》2011年第3期，第49页。

应决策可能产生的政治、经济与社会等多方面因素）。同时，还需要建立对风险决策程序的评估机制。该机制主要是针对风险评估活动实施过程中开展风险决策活动的主体（全面性、多样性）、评估对象的准确性、评估内容（多样性、全面性等）以及风险决策程序进行评价，从而保障风险决策程序的科学性与完整性，最终实现相应的风险决策目标。

单纯依靠技术应对核安全问题尚不能完全满足我国的需要。虽然截至目前，我国没有发生过二级以上的核安全事故，但是核安全问题仍然是第一要务。为了达致这样的一个目标，鉴于无法达到绝对的安全，我们需要将现实中的风险控制在一个可以接受的范围内。[1]在社会发展过程中，社会民众对安全有较高的期待，普遍希望安全理念下的法律制度能成为有效抵御风险的利器，实现法律对社会的控制。在人类利用核能的过程中，核能的发展将会带来巨大的经济利益。安全与经济利益存在着价值的排序与选择，但核能安全绝不能被忽视。[2]安全的对立面为危险或者风险。针对特定情况下的风险决策，其首要目标是实现安全目标。因此，从这个意义上来说，核能开发利用过程中的风险决策目标恰恰是实现核安全。风险决策活动是风险规制活动的重要组成部分。风险决策程序的有效开展，需要立足于风险评估结果的科学性、准确性、全面性以及风险沟通活动的有效开展，并最终在风险沟通主体之间就特定问题达成共识。在风险评估与风险沟通程序活动有效开展的基础上，风险决策主体需要综合考虑相应项目的成本效益问题，特别是核能开发风险可能带来的负面效益，从而在此基础上综合分析政治因素、经济因素和社会因素，为相关决策提供有效的依据和参考衡量标准，最终作出风险决策。

## 本章小结

本章立足于当前我国风险规制的现实条件，从核能开发风险规制的理

---

〔1〕 专家："核安全是中国核事业最核心问题"，载新浪网：http://news. sina. com. cn/c/nd/2016-04-02/doc-ifxqxcnr5192861. shtml，最后访问时间：2017 年 4 月 12 日。

〔2〕 范纯："风险社会视角下的俄罗斯核电安全"，载《俄罗斯中亚东欧研究》2012 年第 6 期，第 15 页。

念、原则、制度、相关主体的权利（权力）与义务以及核能开发风险规制的程序等方面入手分别提出了完善意见，以期使整个风险规制制度更加适合我国核能开发风险规制目标的现实需要。风险规制可为核能开发利用提供必要的基础和前提。但是，我国必须构建和搭建良好的风险规制框架，特别是风险规制所应遵从的基本原则、基本法律制度及实施机制，同时还应当建设、完善与风险沟通制度相关的配套制度，建立起一个体系化、系统化、具有完整性的风险规制体系，最终依靠风险规制活动的有序开展，为核能开发创造有利的实施条件，特别是要关注和落实核安全目标，最终实现核能开发利用的"安全与发展"二元目标。

# 结 语

　　瑞典核物理学家帕克金森曾针对核能开发形象地比喻道："核能开发
与应用有点像马戏团里的猛兽，温顺时它能够让人感到快乐无比，而一旦
脱离人类的控制，后果将是不堪设想。因此，对于选择开发与利用核能的
人类来说，提升核安全是一种永无止境的追求。"[1]当前，我国为了满足
经济社会快速发展的需求，同时也为了更好地完成全球气候变化大背景下
我国减少温室气体排放的任务，需要开发新的能源种类与能源（特别是那
些可再生能源），以便在减少我国温室气体的同时满足经济社会发展的需
要。核能开发利用所具有的优势使得开发核能成了我国发展新能源、减少
温室气体排放的重要选择。对此，核能的加速开发利用也将会为我国能源
发展起到重要的推动作用。

　　在核能开发过程中，核安全是核能开发利用发展整个过程以及其他与
之相关活动中都需要不断努力追求与实现的目标。为了进一步减少、降低
我国核能开发过程中因核能开发风险的存在与发展而对周边地区自然环境
造成的严重核污染、生态破坏以及可能对人身生命、健康、财产造成的严
重损害，我们需要特别关注核安全目标的实现以及核能开发风险的预防与
应对。

　　为了尽可能减少并降低核能开发可能造成的各种损害，我国需要借助
风险规制制度，通过风险识别、风险评估、风险沟通以及风险决策等程序
来保障核能开发利用主体在核能开发利用过程中实施的活动的安全性，从
而达到预防与应对核风险的目标。与此同时，我们还需要特别注意的是，

---

〔1〕　Yukiya Amano, "IAEA Director General. Contributing to Peace", *Health & Prosperity*, IAEA
Bulletin 54-4, December 2013, 2.

在核能开发利用过程中，相应的活动将会给周边人群与自然环境造成影响。应借助多个主体的力量共同应对核能开发利用过程中潜在的风险问题。在风险治理方面，应该通过各种不同的治理机制，把相关的社会主体或利益相关方带到一起，为降低科技的风险和实现科技应用负面效应最小化提供广泛的社会沟通参与平台，为不同社会群体之间利益冲突的协调寻找相应的解决途径，共同管理、共同协商，最终朝着为人类造福，最大限度地削弱科学技术负面效应的方向发展。[1]现代科技风险的治理与解决之道在于实现科技发展的动态平衡、进行科技与民主的理性沟通，而传统的技术官僚式和科技专家式治理模式已无法解决当代新兴高科技发展带来的各种社会问题。

在风险时代，寻求规制技术理性泛滥的措施方法并不意味着人类社会彻底否定发展过程中已产生的技术成就及相应技术的未来发展，而是尝试用一种现代性反思的方式去权衡、比较与协调技术风险与收益。在科学技术工具理性极度膨胀的当下，我们依凭社会力量（主要是公众及社会团体）对科学技术的负面影响进行约束和制衡，并且重新审视、考察和确定人与科学技术的复杂关系，从而最终使科学技术的角色合理回归到其作用范围内，使现代高科技的存在与发展在客观上以人的存在和发展为前提和依归。人类对高科技的这种观点，实质上既不是完全悲观，也不是盲目乐观，而是在发展过程中强调将一种具体的、针对现实科学技术的负面效果所展开的批判与反思精神——风险意识——注入现代科学技术发展过程中，并使科学技术风险应对成为未来技术不断发展的源泉和相应技术风险预防的科学基础。[2]对现代科技应用所引发的健康、环境风险以及潜在的多种负面影响，政府负有积极预防的职责，在应对相应风险的过程中，政府应当改变传统的过度重视技术经济发展的思维，并在客观现实中纠正忽略那些事实上处于相对不确定状态、非实时性健康损害或生态利益损害认

---

〔1〕 张微林：“风险治理过程中的法律规制模式转型”，载《科技与法律》2012 年第 6 期，第 20 页。

〔2〕 王超、李奇伟：“'黄金大米'：风险时代技术理性的失范与规约”，载《华南农业大学学报（社会科学版）》2014 年第 2 期，第 116 页。

识的偏差。[1]对此，我国应该建立针对新兴技术的安全管理和评估的方法、制度及机制，将新兴高科技的安全性问题的治理吸纳到技术发展的目标、应对措施、治理机制之中。在这个过程中尤其应关注非政府组织、社会公众等行动者对于新兴技术发展，尤其是负面影响的反应，[2]从而在此基础上借助风险规制活动的实施最终推动核能的有序开发利用及核安全目标的实现。

在核能开发过程中，引入风险规制是落实核安全目标与相关措施的重要手段与措施。但是，单纯依靠科学技术力量，在技术主导的情况下开展风险规制活动可能会使其沦落为核能开发主体为加速核能开发利用而采取的助力措施，无法有效地兼顾社会公共利益。此时，面对这种情况，需要核安全监督管理部门、核能开发主体、专家学者、公众以及新闻媒体立足于风险规制特点，结合核能开发利用的现实情况开展相关活动，并完成相应的风险规制活动。在这个过程中，尚需进一步将风险规制与多元主体治理等活动进行综合性考虑，以便发挥各自的优势，从而为核能开发的风险规制提供助力。

---

〔1〕　欧阳恩钱："风险社会、生态文明与经济法哲学基础拓新"，载《当代法学》2012 年第 3 期，第 87 页。

〔2〕　丁大尉、李正风、胡明艳："新兴技术发展的潜在风险及技术治理问题研究"，载《中国软科学》2013 年第 6 期，第 69 页。

# 参考文献

## 一、期刊论文

［1］ 蔡守秋："针对'有组织的不负责任'，建立健全防治环境风险的法律机制"，载《生态安全与环境风险防范法治建设——2011 年全国环境资源法学研讨会（年会）论文集》2011 年。

［2］ 陈莹莹："中国转基因食品安全风险规制研究"，载《华南师范大学学报（社会科学版）》2018 年第 4 期。

［3］ 陈润羊："公众参与机制推动核安全文化走向成熟"，载《环境保护》2013 年第 5 期。

［4］ 陈金元、李洪训："对我国核安全监管工作的思考"，载《核安全》2007 年第 1 期。

［5］ 成协中："风险社会中的决策科学与民主——以重大决策社会稳定风险评估为例的分析"，载《法学论坛》2013 年第 1 期。

［6］ 成协中："垃圾焚烧及其选址的风险规制"，载《浙江学刊》2011 年第 3 期。

［7］ 邓理峰、周志成、郑馨怡："风险—收益感知对核电公众接受度的影响机制分析"，载《南华大学学报（社会科学版）》2016 年第 4 期。

［8］ 董正爱、王璐璐："迈向回应型环境风险法律规制的变革路径——环境治理多元规范体系的法治重构"，载《社会科学研究》2015 年第 4 期。

［9］ 丁峰、胡翠娟、李鱼："我国环境风险评价存在的问题及对策建议"，载《环境保护》2013 年第 19 期。

［10］ 丁大尉、李正风、胡明艳："新兴技术发展的潜在风险及技术治理问题研究"，载《中国软科学》2013 年第 6 期。

［11］ 丁祖豪："科技风险及其社会控制"，载《聊城大学学报（社会科学版）》2006 年第 5 期。

［12］ 范纯："风险社会视角下的俄罗斯核电安全"，载《俄罗斯中亚东欧研究》2012 年第 6 期。

[13] 方芗："社会信任重塑与环境生态风险治理研究——以核能发展引发的利益相关群众参与为例"，载《兰州大学学报（社会科学版）》2014 年第 5 期。

[14] 方芗："风险社会理论与广东核能发展的契机与困局"，载《广东社会科学》2012 年第 6 期。

[15] 方芗："我国大众在核电发展中的'不信任'：基于两个分析框架的案例研究"，载《科学与社会》2012 年第 4 期。

[16] 冯昊青、李建华："核伦理研究的回顾与展望"，载《自然辩证法研究》2008 年第 7 期。

[17] 伏创宇："核能规制：从危险防止到风险预防"，载《绿叶》2013 年第 3 期。

[18] 伏创宇："核能安全立法的调控模式研究——基于德国经验的启示"，载《科技管理研究》2013 年第 17 期。

[19] 高卫明、黄东海："论风险规制的行政法原理及其实现手段"，载《南昌大学学报（人文社会科学版）》2013 年第 3 期。

[20] 高秦伟："论欧盟行政法上的风险预防原则"，载《比较法研究》2010 年第 3 期。

[21] 龚向前："WTO 框架下风险规制的合法性裁量"，载《法学家》2010 年第 4 期。

[22] 贺桂珍、吕永龙："新建核电站风险信息沟通实证研究"，载《环境科学》2013 年第 3 期。

[23] 洪延青："藏匿于科学之后？——规制、科学和同行评审间关系之初探"，载《中外法学》2012 年第 3 期。

[24] 胡象明、王锋："英国核废料管理的经验分析"，载《环境保护》2012 年第 17 期。

[25] 胡帮达："安全和发展之间：核能法律规制的美国经验及其启示"，载《中外法学》2018 年第 1 期

[26] 胡帮达："美国核安全规制模式的转变及启示"，载《南京工业大学学报（社会科学版）》2017 年第 1 期。

[27] 胡帮达："专家制度与价值制度之间——环境风险规制的困境与出路"，载《河南科技大学学报（社会科学版）》2014 年第 1 期。

[28] 胡帮达："核安全独立监管的路径选择"，载《科技与法律》2014 年第 2 期。

[29] 黄新华："风险规制研究：构建社会风险治理的知识体系"，载《行政论坛》2016 年第 2 期。

[30] 黄锡生、何江："核电站环评制度的困境与出路"，载《郑州大学学报（哲学社会科学版）》2016 年第 1 期。

[31] 黄政："危险化学品环境风险防控立法问题研究"，载《环境保护》2013 年第

19 期。

[32] 季卫东："依法风险管理论"，载《山东社会科学》2011 年第 1 期。

[33] 姬世平："核电标准对核安全法规支撑问题的研究"，载《核标准计量与质量》2007 年第 1 期。

[34] 姜贵梅等："国际环境风险管理经验及启示"，载《环境保护》2014 年第 8 期。

[35] 金自宁："技术风险的制度回应——对当前转基因之争的一个评论"，载《绿叶》2013 年第 12 期。

[36] 金自宁："风险规制中的信息沟通及其制度建构"，载《北京行政学院学报》2012 年第 5 期。

[37] 雷芳、严俐苹、娄思卿："生态文明视角下核电产业环境风险存在问题及对策"，载《科技经济市场》2017 年第 2 期。

[38] 宋林飞："中国社会风险预警系统的设计与运行"，载《东南大学学报（社会科学版）》1999 年第 1 期。

[39] 李小燕、濮继龙："试论核能发展的公众介入和公共宣传"，载《中国核能行业协会·2008 年中国核能可持续发展论坛论文集》，2008 年。

[40] 李拥军、郑智航："中国环境法治的理念更新与实践转向——以从工业社会向风险社会转型为视角"，载《学习与探索》2010 年第 2 期。

[41] 李秋高："风险法律体系：风险社会的法律应对"，载《广州大学学报（社会科学版）》2011 年第 1 期。

[42] 李拥军、郑智航："中国环境法治的理念更新与实践转向——以从工业社会向风险社会转型为视角"，载《学习与探索》2010 年第 2 期。

[43] 李干杰："坚持科学发展 确保核与辐射安全——解读《核安全与放射性污染防治'十二五'规划及 2020 年远景目标》"，载《环境保护》2013 年第 3 期。

[44] 李干杰、周士荣："中国核电安全性与核安全监管策略"，载《现代电力》2006 年第 5 期。

[45] 李巍："应对环境风险的反身规制研究"，载《中国环境管理》2019 年第 3 期。

[46] 李巍："科学不确定性视镜下环境正义的实现进路"，载《领导科学》2018 年第 26 期。

[47] 梁世武："风险认知与核电支持度关联性之研究：以福岛核能事故后台湾民众对核电的认知与态度为例"，载《行政暨政策学报》2014 年第 58 期。

[48] 刘久："论《核安全法》背景下我国公众核安全权利的实现"，载《苏州大学学报（哲学社会科学版）》2020 年第 3 期。

[49] 刘庆、沈海滨："美国核安全管理模式的发展及特点"，载《世界环境》2014 年

第 3 期。

[50] 刘恒："论风险规制中的知情权"，载《暨南学报（哲学社会科学版）》2013 年第 5 期。

[51] 刘鹏："风险程度与公众认知——食品安全风险沟通机制分类研究"，载《国家行政学院学报》2013 年第 3 期。

[52] 刘畅："基于风险社会理论的我国食品安全规制模式之构建"，载《求索》2012 年第 1 期。

[53] 刘亚平："食品安全——从危机应对到风险规制"，载《社会科学战线》2012 年第 2 期。

[54] 刘婧："风险社会中政府管理的转型"，载《新视野》2004 年第 3 期。

[55] 柳恒超："风险的属性及其对政府重大决策社会风险评估的启示"，载《上海行政学院学报》2011 年第 6 期。

[56] 罗艺："法国核安全管理体制简评"，载《世界环境》2014 年第 3 期。

[57] 马忠法、彭亚媛："中国核能利用立法问题及其完善"，载《复旦学报（社会科学版）》2016 年第 1 期。

[58] 那力、杨楠："民用核能风险及其国际法规制的学理分析——以整体风险学派理论为进路"，载《法学杂志》2011 年第 10 期。

[59] 欧阳恩钱："风险社会、生态文明与经济法哲学基础拓新"，载《当代法学》2012 年第 3 期。

[60] 戚建刚："风险规制过程的合法性之证成——以公众和专家的风险知识运用为视角"，载《法商研究》2009 年第 5 期。

[61] 强月新、余建清："风险沟通：研究谱系与模型重构"，载《武汉大学学报（人文科学版）》2008 年第 4 期。

[62] 曲静原、张作义："目前核能发展与安全管理所遇到的若干挑战"，载《核动力工程》2001 年第 6 期。

[63] 沈岿："风险评估的行政法治问题——以食品安全监管领域为例"，载《浙江学刊》2011 年第 3 期。

[64] 沈岿："风险治理决策程序的应急模式——对防控甲型 H1N1 流感隔离决策的考察"，载《华东政法大学学报》2009 年第 5 期。

[65] 宋伟、孙壮珍："科技风险规制的政策优化——多方利益相关者沟通、交流与合作"，载《中国科技论坛》2014 年第 3 期。

[66] 宋华琳："风险规制与行政法学原理的转型"，载《国家行政学院学报》2007 年第 4 期。

［67］ 孙庆斌："从自我到他者的主体间性转换——现代西方哲学的主体性理论走向"，载《理论探索》2009年第3期。

［68］ 唐皇凤："风险治理与民主：西方民主理论的新视阈"，载《武汉大学学报（哲学社会科学版）》2009年第5期。

［69］ 唐皇凤："风险社会视野下的民主政治再造"，载《中国浦东干部学院学报》2009年第4期。

［70］ 陶鹏、童星："邻避型群体性事件及其治理"，载《南京社会科学》2010年第8期。

［71］ 王中政、赵爽："我国核能风险规制的现实困境及完善路径"，载《江西理工大学学报》2019年第6期。

［72］ 王明远、金峰："科学不确定性背景下的环境正义——基于转基因生物安全问题的讨论"，载《中国社会科学》2017年第1期。

［73］ 王贵松："风险行政的组织法构造"，载《法商研究》2016年第6期。

［74］ 王超、李奇伟：" '黄金大米'：风险时代技术理性的失范与规约"，载《华南农业大学学报（社会科学版）》2014年第2期。

［75］ 王金鹏、沈海滨："气候变化背景下英国核电建设的重启及核安全监管机构的改革"，载《世界环境》2014年第3期。

［76］ 王锡锌："我国公共决策专家咨询制度的悖论及其克服——以美国《联邦咨询委员会法》为借鉴"，载《法商研究》2007年第2期。

［77］ 汪劲、耿保江："论核法上安全与发展价值的衡平路径——以核管理机构的衡平责任为视角"，载《法律科学（西北政法大学学报）》2017年第4期。

［78］ 汪劲、张钰羚："我国核电厂选址中的利益衡平机制研究"，载《东南大学学报（哲学社会科学版）》2018年第6期。

［79］ 卫乐乐、沈海滨："俄罗斯核能发展与法制建设"，载《世界环境》2014年第3期。

［80］ 吴宜灿："革新型核能系统安全研究的回顾与探讨"，载《中国科学院院刊》2016年第5期。

［81］ 伍麟："从 '教育' 到 '信任'：风险沟通的知识社会学分析"，载《社会科学战线》2013年第9期。

［82］ ［德］乌尔里希·贝克："风险社会政治学"，载刘宁宁等编译：《马克思主义与现实》2005年第3期。

［83］ 夏立平："论国际核安全体系的构建与巩固"，载《现代国际关系》2012年第10期。

[84] 谢晓非、郑蕊：“风险沟通与公众理性”，载《心理科学进展》2003 年第 4 期。

[85] 谢晓非：“风险研究中的若干心理学问题”，载《心理科学》1994 年第 2 期。

[86] 熊文彬等：“俄罗斯核电安全监管体系及启示”，载《辐射防护通讯》2012 年第 4 期。

[87] 薛现林：“科技法律制度基本价值原则探讨”，载《华中科技大学学报（社会科学版）》2004 年第 5 期。

[88] 杨月巧、王挺、王玉梅：“国外核安全监管探讨”，载《防灾科技学院学报》2010 年第 2 期。

[89] 杨骞、刘华军：“中国核电安全规制的研究——理论动因、经验借鉴与改革建议”，载《太平洋学报》2011 年第 12 期。

[90] 杨春福：“风险社会的法理解读”，载《法制与社会发展》2011 年第 6 期。

[91] 严燕、刘祖：“风险社会理论范式下中国‘环境冲突’问题及其协同治理”，载《南京师大学报（社会科学版）》2014 年第 3 期。

[92] 于达维：“乳山核电僵局”，载《财经》2008 年第 7 期。

[93] 于文轩：“生物安全风险规制的正当性及其制度展开——以损害赔偿为视角”，载《法学杂志》2019 年第 9 期。

[94] 岳树梅：“中国民用核能安全保障法律制度的困境与重构”，载《现代法学》2012 年第 6 期。

[95] 曾睿、徐本鑫：“环境风险交流的法律回应与制度建构”，载《江汉学术》2015 年第 5 期。

[96] 曾娜：“环境风险之评估：专家判断抑或公众参与”，载《理论界》2010 年第 8 期。

[97] 张锋：“风险规制视域下环境信息公开制度研究”，载《兰州学刊》2020 年第 7 期。

[98] 张振华等：“涉核项目的‘污名化’现象及对策研究”，载《辐射防护》2019 年第 1 期。

[99] 张金涛、祁婷：“强化核安全文化建设 保障《核安全法》落实”，载《环境保护》2018 年第 12 期。

[100] 张乐、童星：“公众的‘核邻避情结’及其影响因素分析”，载《社会科学研究》2014 年第 1 期。

[101] 张小飞、郑晓梅：“当代科学技术的文化风险与规制”，载《西南民族大学学报（人文社会科学版）》2014 年第 12 期。

[102] 张卿：“对我国民用核能公众参与现状的反思和建议——以江西彭泽核电争议为

切入点"，载《研究生法学》2014年第2期。

[103] 张成岗："技术专家在风险社会中的角色及其限度"，载《南京师大学报（社会科学版）》2013年第5期。

[104] 张昱、杨彩云："泛污名化：风险社会信任危机的一种表征"，载《河北学刊》2013年第2期。

[105] 张燕、虞海侠："风险沟通中公众对专家系统的信任危机"，载《现代传播（中国传媒大学学报）》2012年第4期。

[106] 张梓太、王岚："论风险社会语境下的环境法预防原则"，载《社会科学》2012年第6期。

[107] 张微林："风险治理过程中的法律规制模式转型"，载《科技与法律》2012年第6期。

[108] 张劲松："风险社会的生态政治与经济发展"，载《社会科学》2008年第11期。

[109] 赵鹏："风险评估中的政策、偏好及其法律规制——以食盐加碘风险评估为例的研究"，载《中外法学》2014年第1期。

[110] 赵欢春："论社会转型风险中国家治理能力现代化的建构逻辑"，载《南京师大学报（社会科学版）》2014年第4期。

[111] 赵鹏："风险社会的自由与安全——风险规制的兴起及其对传统行政法原理的挑战"，载《交大法学》2011年第1期。

[112] 钟开斌："风险管理：从被动反应到主动保障"，载《中国行政管理》2007年第11期。

[113] 朱正威、王琼、吕书鹏："多元主体风险感知与社会冲突差异性研究——基于Z核电项目的实证考察"，载《公共管理学报》2016年第2期。

[114] 朱狄敏："风险社会中的国家责任趋同化——以英法国家赔偿制度变迁为例"，载《浙江学刊》2013年第2期。

[115] 邹树梁、高阳："核电产业与湖南经济发展的协同效应研究"，载《中国核工业》2006年第9期。

## 二、著作类文献

[1]［美］E. 博登海默：《法理学——法律哲学与法律方法》，邓正来译，中国政法大学出版社2004年版。

[2] 杜群等：《能源政策与法律——国别和制度比较》，武汉大学出版社2014年版。

[3]［美］戴维·奥斯本、特德·盖布勒：《改革政府》，上海市政协编译组东方编译所译，上海译文出版社1996年版。

[4] 方芗：《中国核电风险的社会建构–21世纪以来公众对核电事务的参与》，社会科

学文献出版社 2014 年版。

［5］ 国家标准化管理委员会农轻和地方部编：《食品标准化》，中国标准出版社 2006
    年版。

［6］ ［德］哈贝马斯：《在事实与规范之间——关于法律和民主法治国的商谈理论》，
    童世骏译，生活·读书·新知三联书店 2003 年版。

［7］ 金自宁编译：《风险规制与行政法》，法律出版社 2012 年版。

［8］ 罗承炳、邵军辉：《转基因食品安全法律规制研究》，吉林人民出版社 2014 年版。

［9］ ［美］凯斯·R. 孙斯坦：《风险与理性——安全、法律及环境》，师帅译，中国政
    法大学出版社 2005 年版。

［10］ 刘刚编译：《风险规制：德国的理论与实践》，法律出版社 2012 年版。

［11］ ［美］H. W. 刘易斯：《技术与风险》，杨健等译，中国对外翻译出版公司 1994
    年版。

［12］ 李永林：《环境风险的合作规制——行政法视角的分析》，中国政法大学出版社
    2014 年版。

［13］ ［美］迈克·W. 马丁等：《工程伦理学》，李世新译，首都师范大学出版社 2010
    年版。

［14］ 沈岿主编：《风险规制与行政法新发展》，法律出版社 2013 年版。

［15］ ［美］史蒂芬·布雷耶：《打破恶性循环：政府如何有效规制风险》，宋华琳译，
    法律出版社 2009 年版。

［16］ 世界卫生组织：《WHO 关于电磁场风险沟通的建议：建立有关电磁场风险的对
    话》，杨新村等译，中国电力出版社 2009 年版。

［17］ 吴宜蓁：《危机传播——公共关系与语艺观点的理论与实证》，苏州大学出版社
    2005 年版。

［18］ ［德］汉斯·J. 沃尔夫、奥托·巴霍夫、罗尔夫·施托巴尔：《行政法》（第 3
    卷），高家伟译，商务印书馆 2007 年版。

［19］ 中国电力发展促进会核能分会编著：《百问核电》，中国电力出版社 2016 年版。

［20］ 中国法学会能源法研究会编：《中国能源法研究报告 2011》，立信会计出版社
    2012 年版。

［21］ 中国社会科学院语言研究所词典编辑室：《现代汉语词典》（第 6 版），商务印书
    馆 2012 年版。

## 三、学位论文类文献

［1］ 高娇娇："核能安全利用的国际法律制度研究"，辽宁大学 2012 年硕士学位论文。

［2］ 郝晓霞："国际核污染争端解决中的法律问题研究"，哈尔滨工业大学 2012 年硕士

学位论文。

[3] 何猛："我国食品安全风险评估及监管体系研究"，中国矿业大学（北京）2013 年博士学位论文。

[4] 何小勇："当代发展风险问题的哲学研究"，西安交通大学 2009 年博士学位论文。

[5] 李文达："核安全问题的管理及其对中国的启示"，兰州大学 2014 年硕士学位论文。

[6] 廖乃莹："我国核事故应急法律问题研究"，华北电力大学 2012 年硕士学位论文。

[7] 刘画洁："我国核安全立法研究——以核电厂监管为中心"，复旦大学 2013 年博士学位论文。

[8] 刘岩："发展与风险——风险社会理论批判与拓展"，吉林大学 2006 年博士学位论文。

[9] 宋嘉颖："核能安全发展的伦理研究"，南京理工大学 2013 年硕士学位论文。

[10] 孙中海："中国核安全监管体制研究"，山东大学 2013 年硕士学位论文。

[11] 宋爱军："我国核能安全立法研究"，湖南师范大学 2009 年硕士学位论文。

[12] 滕海莲："核安全的国际法制度研究"，东北大学 2013 年硕士学位论文。

[13] 王思凝："国际核损害赔偿责任问题研究"，辽宁大学 2013 年硕士学位论文。

[14] 王睿："核能废弃物处理的国际法研究"，辽宁大学 2013 年硕士学位论文。

[15] 王海航："转基因农作物风险的法律规制研究"，西南政法大学 2015 年硕士学位论文。

[16] 王洋："风险决策合理化的行政法思考"，吉林大学 2015 年硕士学位论文。

[17] 王希平："基因改造食品管理之相关法律问题研究"，东吴大学法律学研究所 2002 年硕士学位论文。

[18] 肖可生："我国食品公共安全规制手段比较研究"，江西财经大学 2009 年硕士学位论文。

[19] 徐文涛："风险社会理论视角下福岛核事件分析"，中国海洋大学 2012 年硕士学位论文。

[20] 胥瑾："食品安全风险评估制度研究"，苏州大学 2014 年硕士学位论文。

[21] 向欢："环境风险沟通制度研究"，重庆大学 2016 年博士学位论文。

[22] 夏心欣："中日核能发展的风险分析——困境、对策与趋势研究"，上海外国语大学 2012 年硕士学位论文。

[23] 徐砥中："中国核电发展的风险管控分析"，兰州大学 2016 年硕士学位论文。

[24] 袁丰鑫："基于博弈模型的核电的公众接受性研究"，南华大学 2014 年硕士学位论文。

[25] 张杰："内陆核电公众接受度调查及其相应对策研究"，东华理工大学 2015 年硕士学位论文。

[26] 张红卫："核能安全利用的法律制度分析"，中国海洋大学 2006 年硕士学位论文。

[27] 赵鹏："风险规制的行政法问题——以突发事件预防为中心"，中国政法大学 2009 年博士学位论文。

## 四、网络类文献

[1] "BP 世界能源统计年鉴"，载 BP 石油公司主页：http://bp. com/statostocalreview，最后访问时间：2016 年 5 月 4 日。

[2] "德国宣布 2022 年前将关闭所有核电站"，载网易新闻：http://news. 163. com/11/0530/09/759 SH6QC00014JB6. html，最后访问时间：2016 年 10 月 12 日。

[3] "俄罗斯将花 150 亿卢布保障核电站安全"，载山西证券：http://www. i618. com. cn/news/News Content. jsp? DocId＝1785430，最后访问时间：2015 年 6 月 24 日。

[4] "政策法规"，载国家核安全局：http://nnsa. mep. gov. cn/zcfg_ 8964/fg，最后访问时间：2017 年 2 月 2 日。

[5] "国家食品安全风险评估中心主要职责"，载国家食品安全风险评估中心：http://www. cfsa. net. cn/Article/Singel. aspx? channelcode＝B2957AD28C393252428FF9F892 D1EDE1811F73D8044090 E5&code＝224F8CC60FBB5F9730DD1A1FEB4FFBECADA5 BD5859FE051B，最后访问时间：2017 年 3 月 16 日。

[6] "国务院关于加强环境保护重点工作的意见"，载中国政府网：http://www. gov. cn/zwgk/2011－10/20/content_ 1974306. htm，最后访问时间：2016 年 12 月 10 日。

[7] "核安全与放射性污染防治'十二五'规划及 2020 年远景目标"，载国家核安全局：http://nnsa. mep. gov. cn/zcfg_ 8964/gh/201501/P020150711440366131076. pdf，最后访问时间：2016 年 10 月 12 日。

[8] "核安全监管机构（nuclear safety regulatory body），KNS5.0 数据库平台"，载中国知网：http://www. chkd. cnki. net/kns50/XSearch，最后访问时间：2016 年 9 月 12 日。

[9] "核安全立法浅见"，载中国人大网：http://www. npc. gov. cn/npc/sjb/2016－11/21/content_ 2003040. htm，最后访问时间：2017 年 4 月 15 日。

[10] "'核泄漏'旧闻追问：谁的知情权与透明度"，载新浪网：http://finance. sina. com. cn/chanjing/sdbd/20100618/01088130332. shtml，最后访问时间：2016 年 10 月 11 日。

[11] 刘进犀、柏波："广东江门开建核原料基地 网友质疑为何动工后才公示"，载凤凰网：http://news. ifeng. com/mainland/detail_ 2013_ 07/12/27428695_ 1. shtml，最

后访问时间：2017 年 4 月 10 日。

［12］ "核与辐射安全公众沟通工作方案"，载国家核安全网：http://nnsa. mep. gov. cn/
zhxx_ 8953/tz/201603/W02016031454216099978. pdf，最后访问时间：2016 年 10
月 20 日。

［13］ "'华龙一号'国家重大工程标准化示范启动"，载人民网：http://zj. people. com.
cn/n2/2017/0414/c187005-30027235. html，最后访问时间：2017 年 4 月 18 日。

［14］ "农业转基因生物安全管理条例"，载农业农村部：http://www. moa. gov. cn/fwllm/
zxbs/xzxk/bszl/201405/t20140527_ 3918108. htm，最后访问时间：2017 年 3 月
16 日。

［15］ "彭泽核电停建逾两年，千亿投资梦中断"，载新浪网：http://stock. sohu. com/
20131225/n392344202. html，最后访问时间：2017 年 4 月 10 日。

［16］ "直面核电公众沟通对核电发展的影响"，载中国电力企业联合会官网：http://
www. cec. org. cn/xinwenpingxi/2015-07-02/139999. html，最后访问时间：2017 年
4 月 9 日。

［17］ "中华人民共和国国家安全法"，载中国人大网：http://www. npc. gov. cn/npc/
xinwen/2015-07/07/content_ 1941161. htm，最后访问时间：2017 年 4 月 10 日。

［18］ "中国国民经济和社会发展第十三个五年规划纲要"，载新华网：http://
news. xinhuanet. com/politics/2016lh/2016-03/17/c_ 1118366322. htm，最后访问
时间：2016 年 10 月 20 日。

［19］ "中国广核集团安全发展白皮书"，载中广核集团官网：http://www. cgnpc. com. cn/
n1454/n413299/n413387/c413628/attr/414437. pdf，最后访问时间：2017 年 3 月
20 日。

［20］ "中华人民共和国农业法"，载中国人大网：http://www. npc. gov. cn/npc/xinwen/
2015-07/07/content_ 1941161. htm，最后访问时间：2017 年 3 月 16 日。

［21］ "专家：核安全是中国核事业最核心问题"，载新浪网：http://news. sina. com. cn/
c/nd/2016-04-02/doc-ifxqxcnr5192861. shtml，最后访问时间：2017 年 4 月
12 日。

［22］ "中国大陆核电厂分布图（截至 2020 年 4 月 27 日）"，载国家核安全局：http://
nnsa. mee. gov. cn/hdcfbt，最后访问时间：2020 年 7 月 6 日。

［23］ "中国国家核安全局 2019 年年报"，载国家核安全局：http://nnsa. mee. gov. cn/
ztzl/haqnb/202007/P020200709590272996234. pdf，最后访问时间：2020 年 7 月
20 日。

［24］ "中核集团田湾核电 5 号机组首次并网成功"，载中国网：https://news. china. com/

domestic/945/20200808/38619004＿ all. html#page＿ 3，最后访问时间：2020 年 8 月 9 日。

［25］"大力加强核与辐射安全管理体系建设 推进核安全治理体系和治理能力现代化"，载国家核安全局：http://nnsa. mee. gov. cn/ztzl/zghyfsaqgltx/202003/t20200327＿771473. html，最后访问时间：2020 年 7 月 20 日。

［26］"中国的核安全"，载中国政府网：http://www. gov. cn/zhengce/2019－09/03/content＿ 5426832. html，最后访问时间：2020 年 8 月 10 日。

［27］"我国商业核电运行机组保持良好的安全业绩"，载中国核能行业协会：http://www. china-nea. cn/site/content/3069. html，最后访问时间：2020 年 8 月 9 日。

［28］刘进胥、柏波："广东江门开建核原料基地 网友质疑为何动工后才公示"，载凤凰网：http://news. ifeng. com/mainland/detail＿ 2013＿ 07/12/27428695＿ 1. shtml，2017 年 4 月 10 日访问。

［29］"2019 年中国核能电力股份有限公司社会责任报告"，载中国核能电力股份有限公司官网：https://www. cnnp. com. cn/module/download/downfile. jsp? classid＝0&filename＝c40463f25ecf419cbead23ae 8c794dbf. pdf，最后访问时间：2020 年 8 月 10 日。

［30］"农业农村部关于第五届农业转基因生物安全委员会组成人员名单的公示"，载农业农村部：http://jiuban. moa. gov. cn/fwllm/hxgg/201606/t20160612 ＿5167236. html，最后访问时间：2020 年 8 月 17 日。

［31］"核安全与放射性污染防治'十三五'规划及 2025 年远景目标"，载国家核安全局：http://www. mee. gov. cn/gkml/sthjbgw/qt/201703/t20170323 ＿ 408677. html，最后访问时间：2020 年 8 月 10 日。

［32］"BP 世界能源统计年鉴（2020）"，载 BP 石油公司主页：https://www. bp. com/en/global/corporate/energy-economics/statistical-review-of-world-energy. html，最后访问时间：2020 年 8 月 31 日。

五、外文文献

［1］ "A Proposed Risk Management Regulatory Framework"，https://www. nrc. gov/docs/ML1210/ML12109A277. pdf，2012，pp. 2~6.

［2］ T. Aven, O. Renn, *Risk Management and Governance：Concepts，Guidelines and Applications*，Heidelberg, DE：Springer, 2010.

［3］ Ann V. Billingsley，"Private Party Prection Against Transnational Radition Protecton Pollution Through Compulsory Arbitration：A Proposal"，14 Cases W. Res. J. Int'L. 339，354（1982）.

［4］ A. Brown et al., "Safecast: Successful Citizen-science for Radiation Measurement and Communication after Fukushima", *Journal of Radiological Protection Official Journal of the Society for Radiological Protection*, 36（2）, S. 82.

［5］ Taebi Behnam, Roeser Sabine, *The Ethics of Nuclear Energy: Risk, Justice and Democracy in the Post-Fukushima Era*, Cambridge University Press, Cambridge, 2015, p. 82.

［6］ Brian H. MacGillivray, "Heuristics Structure and Pervade Formal Risk Assessment", *Risk Analysis*, Vol. 34, No. 4, 2014.

［7］ Benjamin J. Richardson, Stepan Wood, *Environmental Law for Sustainability*, Hart Publishing, 2006.

［8］ U. Beck, *Risk Society, Towards a New Modernity*, London: Sage Publications, 1992.

［9］ BVefGE 49, 89.

［10］ Commission of the European Communities, *Commission Communication on the Precautionary Principle*, Brussels, 02102120001.

［11］ Dean Kyne, *Nuclear Power Plant Emergencies in the USA: Managing Risks, Demographics and Response*, Switzerland: Springer International Publishing AG, 2017, p. 16

［12］ "Fukushima Daiichi Nuclear Power Plant Accident", *Japanese Journal of Clinical Oncology*, 45（8）, 700~707.

［13］ Elizabeth Fisher, "Framing Risk Regulation: A Critical Reflection", EJR R 21, 2011.

［14］ Elena Pariotti, "Law, Uncertainty And Emerging Technologies——Towards a Constructive Implementation of the Precautionary Principle in the Case of Nanotechnologies", *Personay Derecho*, 62（2010）.

［15］ Elizabeth Fisher, *Risk Regulation and Administrative Constitutionalism*, Oxford: Hart Publishing, 2007.

［16］ E. Fisher, "Drowning by Numbers: Standard Setting in Risk Regulation and the Pursuit of Accountable Public Administration", 20 O. J. L. S. 109（2000）.

［17］ FAO/WHO, Food Safety Risk Analysis: A Guide for National Food Safety Authorities, Rome, Italy, FAO, 2006.

［18］ B. Fischhoff, "Risk Perception and Communication Unplugged: Twenty Years of Process", *Risk Analysis*, 15（2）, 1995.

［19］ Gabriel Domenech Pascual, "Not Entirely Reliable: Private Scientific Organizations and Risk Regulation-The Case of Electromagnetic Fields", EJRR, 2013（1）.

［20］ Gordon R. Woodman, Diethelm Klippel（eds.）, *Risk and the Law*（Routledge-Cavendish）, 2009.

[21] T. Horlick-Jones et al. , "On Evaluating the GM Nation? Public Debate about the Commercialization of Transgenic Crops in Britain", *New Genetics and Society*, 2006, 25 (3): 265~288.

[22] Y-H. Huang, "Is Symmetrical Communication Ethical and Effective?", *Journal of Business Ethics*, (53) 333~352.

[23] IAEA, "Developing Safety Culture in the Nuclear Activities", Vienna: IAEA, 1998.

[24] International Atomic Energy Agency (IAEA), *Handbook on Nuclear Law*, IAEA, Vienna, 2003, p. 10.

[25] IRSN, "Baromètre Irsn 2012", Retrieved from http://www. irsn. fr/FR/IRSN/Publications/ barometre/Documents/IRSN_ barometre_ 2012. pdf.

[26] Julia Black, "The Role of Risk in Regulatory Processes", Oxford Handbooks Online, http://www. oxfordhandbooks. com/view/10. 1093/oxfordhb/9780199560219. 001. 0001/ oxfordhb-9780199560219-e-14? print=pdf.

[27] Julia Black, "The Emergence of Risk-Based Regulation and the New Public Risk Management in the United Kingdom", *Public Law*, No. Autumn, 2005.

[28] Jon Foreman, *Developments in Environmental Regulation: Risk Based Regulation in the UK and Europe*, Gewerbestrasse, Switzerland, Springer International Publishing AG, 2018, p. 262.

[29] Jo Leinen, "Risk Governance and the Precautionary Principle: Recent Cases in the Environment, Public Health and Food Safety (ENVI) Committee", EJRR, 2012 (2).

[30] Kira Matus, "Existential Risk: Challenge for Risk Regulation", *Magazine of the Center for Analysis of Risk Regulation*.

[31] Lina M. Svedin, Adam Luedtke, Thad E. Hall, *Risk Regulation in the United States and European Union Controlling Chaos*, Palgrave Macmillan, in the United States—a division of St. Martin's Press LLC, 2010. 124.

[32] J. Lichtenberg, D. MacLean, "The Role of the Media in Risk Communication", In R. E. Kasperson P. J. M. Stallen (eds. ), *Communicating Risks to the Public: International Perspectives*, Dordrecht, the Netherlands: Kluwer, 1991, pp. 157~173.

[33] Michel Berthélemy, Francoisis Lévêque, "Harmonizing Nuclear Safety Regulation in the EU: Which Priority?", *Intereconomics*, 2011 (3).

[34] Matthew E. Kahn, "Environmental Disasters as Risk Regulation Catalysts? ——The Role of Bhopal, Chernobyl, Exxon Valdez, Love Canal, and Three Mile Island in Shaping U. S. Environmental Law", *J Risk Uncertainty*, 35 (2007).

［35］ M. Bourrier, C. Bieder (eds.), "Risk Communication for the Future, Springer Briefs in Safety Management", https://doi. org/10. 1007/978-3-319-74098-0_ 1. p. 47.

［36］ Masaharu Kitamura, "Risk Communication in Japan Concerning Future of Nuclear Technology", *Journal of Disaster Research*, Vol. 9, No. sp, 2014, p. 619.

［37］ "Nuclear Energy: Key tables Form OECD", http://www. Oecd-ilibrary, org/ nuclear-energy/nuclear-energy-key-tables-from-oecd_ 20758413.

［38］ National Research Council, *Improving Risk Communication*, Washington D. C. : National Academy Press, 1989, p. 21.

［39］ "National Report of the Russian Federation for the Second Extraordinary Meeting of the Contracting Parties to the Convention on Nuclear Safety", http://www. rosatom. ru/en/resources/8b6a77804e4378a289f5898cb8b4ed30/Russian_ report. pdf.

［40］ National Academies of Sciences, Engineering, and Medicine, *Exploring Medical and Public Health Preparedness for a Nuclear Incident: Proceedings of a Workshop*, Washington, DC: The National Academies Press, 2019, p. 61.

［41］ Nuclear Energy Agency, *Nuclear Development Risks and Benefits of Nuclear Energy*, OECD Publishing, 2007, p. 60.

［42］ OECD, "The Fukushima Daiichi Nuclear Power Plant Accident: OECD/NEA Nuclear Safety Response and Lessons Learnt", 2013, p. 37.

［43］ D. Oughton, S. O. Hansson, "Social and Ethical Aspects of Radiation Risk Management", Radioactivity in the Environment 19. 1st ed. , Amsterdam: Elsevier.

［44］ Pablo M. Figueroa, "Risk Communication Surrounding the Fukushima Nuclear Disaster: An Anthropological Approach", Asia Euro J, (2013) 11.

［45］ Perrow Charles, "Accidents in High-Risk System", *Technology Studies*, 1994 (1): 1~38.

［46］ C. B. Pratt A. Yanada, "Risk Communication and Japan's Fukushima Daiichi Nuclear Power Plant Meltdown: Ethical Implications for Government-Citizen Divides", *Public Relations Journal*, 2014, (4) 6.

［47］ Qiang Wang, Xi Chen, "Regulatory Failures for Nuclear Safety-the Bad Example of Japan- Implication for the Rest of World", *Renewable and Sustainable Energy Review*, (16) 2012.

［48］ Robin Gregory et al. , "Some Pitfalls of An Overemphasis on Science in Environmental Risk Management Decisions", *Journal of Risk Research*, Vol. 9, No. 7, 2006.

［49］ Steve Kidd, "Nuclear Acceptance", IAEA Bulletin 50 (2008): 32.

［50］ E. R. Schmidt et al. , "Risk Analysis and Evaluation of Regulatory Options for Nuclear Byproduct Material Systems", USNRC NUREG/ CR-6642. 2000; Vol. 1: 2 (8~12).

［51］ Stephen Tromans, James Ftzgerald, *The Law of Nuclear Installations and Radioactive Substances*, p. 72 (1st ed. 1997).

［52］ S. Lewn, "The Role of Risk Assessment In the Nuclear Regulatory Process", *Annals of Nuclear Energy*, Vol. 6, 1979, p. 284.

［53］ Stephanie Tai, "Uncertainty About Uncertainty: The Impact of Judicial Decisions on Assessing Scientific Uncertainty", *Journal of Constitutional Law*, 2009, Vol. 11. 704

［54］ T. N. Srinivasan, T. S. Gopi Rethinaraj, "Fukushima and There After: Reassessment of Risks of Nuclear Power", *Energy Policy*, 2013 (52).

［55］ Title 10 of the Code of Federal Regulations (10 CFR) Sections 50. 90.

［56］ TEPCO, "Establishment of the Social Communication Office (press release)", Retrived from http://www. tepco. co. jp/en/press/corpcom/release/2013/1226290_ 5130. html.

［57］ B. Taebi, "The Morally Desirable Option for Nuclear Power Production", *Philosophy and Technology* 24, 2011, p. 169~92.

［58］ U. S, "Energy Information Administration: Annual Energy Review", http://www. eia. gov.

［59］ U. S. Nuclear Regulatory Commission, "Reactor Safety Study—An Assessment of Accident Risks in U. S. Commercial Nuclear Power Plants", NUREG-75-014 (WASH-1400), October, 1975.

［60］ V. T. Covello, R. N. Hyer, *Effective Media Communication During Public Health Emergencies*, World Health Organization, 2007 Preface, p. 2.

［61］ William Boyd, "Genealogies of Risk: Searching for Safety, 1930s-1970s", *Ecologyla W Quarterly*, Vol. 39, 2012, p. 895.

［62］ Western European Nuclear Regulators' Association, "WENRA Reactor Safety Reference Levels", *Reactor Harmonization*, Working Group, January 2008.

［63］ B. Wynne, "Risk and the Environment as Legitimately Discourses of Technology: Reflexivity Inside out?", *Current Sociology*, Vol. 50, No. 3, 2002, p. 467.

［64］ Y. Wu, "Public Acceptance of Constructing Coastal/inland Nuclear Power Plants in Post-Fukushima China", *Energy Policy*, 2017, 101: 484~491.

［65］ Yukiya Amano, "IAEA Director General. Contributing to Peace", *Health & Prosperity*, IAEA Bulletin 54-4-December 2013, p. 2.

[66] S. Yamashita, N. Takamura, "Post-crisis Efforts Towards Recovery and Resilience after the Fukushima Daiichi Nuclear Power Plant accident", *Japanese Journal of Clinical Oncology*, 45（8）, 700~707.

## 六、报纸类文献

[1] 郭承站："夯实基础 强化支撑 持续提升国家核安全治理能力"，载《中国环境报》2020年4月23日。

[2] 郭承站："大力协同 共建共享 开创核安全公众沟通工作新局面"，载《中国环境报》2020年1月6日。

[3] 何卫东："加大宣传力度 让谈'核'不再色'变'"，载《中国环境报》2020年6月22日。

[4] "科学理性认知中国核能安全——中国核能行业协会新闻发言人答记者问"，载《中国环境报》2020年4月22日。

[5] 孙浩："核能在我国还有较大发展空间"，载《中国环境报》2020年6月22日。

[6] 孙浩："拥抱大数据时代 守护数字核安全"，载《中国环境报》2019年12月2日。

[7] 孙浩："如何增强风险沟通中的社会信任?"，载《中国环境报》2019年11月18日。

[8] 王晓峰："创新核安全举国体制 加速核安全治理现代化"，载《中国环境报》2020年4月27日。

[9] 汪志宇："核电企业公众沟通常态化机制建设亟待加强"，载《中国环境报》2020年4月20日。

# 后　记

　　本书是在博士论文修改的基础上完成的。笔者在对博士论文进行修改的过程中，一方面增加和补充了部分文献资料，另一方面则是对相关数据及法律规定进行更新，同时在论文写作与书稿修改过程中，多次对相关主体进行反复思量且参考与学习相关的研究成果。目前，我国核能开发利用速度不断加快，但是因受日本福岛核泄漏事故的影响，很多地方民众对核能开发持谨慎态度，面对这种情况，我国需要在强化核安全的基础上来推动核能开发利用，而风险规制则是可供使用的方式之一。书稿的写作已告一段落，然而对于论题的求学求索却并未结束，需要对这个论题继续进行学习与研讨。

　　2013 年，承蒙恩师秦天宝教授不嫌愚钝，将我收录于门墙之内。在这四年的学习里，感谢秦老师在学习上的悉心指导，同时也感谢老师所提供的各种学习交流机会，使我在与其他同行的交流学习过程中开阔了视野与眼界。在论文写作过程中，秦老师不仅从论文的框架建构、宏观思路的梳理与完善进行了指导，而且也对论文的内在框架与逻辑进行了指导，最后还对论文的质量进行了严格把关。深深感谢秦老师在日常学习与论文写作中的指导！

　　武汉大学环境法研究所是一个名师荟萃的地方。在这里，汇集了环境法学界的名师，在研究所读书的期间，我常常暗自庆幸自己能在这里求学，聆听各位老师精彩无比的讲学与指导。在求学过程中，我参加了各种讲座、讲学以及其他的学术活动，正是这些精彩纷呈的学术活动使我对环境法的了解不断加深。感谢在论文开题、预答辩过程中蔡守秋老师、李启家老师、杜群老师、柯坚老师、王树义老师、高利红老师、戚建刚老师、王清军老师、李广兵老师、吴志良老师等各位老师对论文的指导与点拨，感谢各位老师对我论文写作的鼓励与鞭策。同时，还要感谢胡斌老师、胡军老师以及吴宇老师四年来对我学习的帮助。

感谢在这四年学习过程中一起读书与学习的王金鹏、刘庆、鲁冰清、周迪、戴茂华、张菁、万丽丽、杜寅、梁春艳等多位同学。感谢各位同学在学习过程中热烈的学术讨论以及学习生活中所带来的欢乐。同时，还应当感谢师兄帅清华、罗艺以及师姐邱寅莹在学习生活中对我的关照与帮助。感谢各位同门在学习过程中的帮助。同时祝各位同学学习生活愉快。

2016年3月至2017年3月，我在恩师的帮助下远行求学于挪威卑尔根大学法学院。在交流学习过程中，感谢外方导师 Sigrid Eskeland Schütz 教授在论文写作过程中对论文框架的指导及研究方法等的交流与讨论。同时，感谢卑尔根大学法学院行政负责人 Henning Simonsen 先生在我求学于卑尔根时给予的生活学习方面的帮助。

感谢常州大学史良法学院为本书的出版提供资助。特别需要感谢的是常州大学史良法学院的领导与各位同仁，是他们不断地鼓励和督促我强化学习与研究。感谢他们在平时交流过程中开展的各种讨论，使我在丰富和扩展研究思路的基础上，不断地学习，为本书的面世提供了源源不断的动力。

感谢中国政法大学出版社能够出版本书。感谢各位编辑的辛勤工作，是他们为本书的出版付出了辛勤的努力。

最后还要感谢我的父母与兄长对我求学的长期支持，让我在求学路上可以走得更远。

卫乐乐
初稿于武汉大学珞珈山下
修改于龙城常州